Python

Machine Learning and Deep Learning with Python

機器學習 與深度學習
特訓班 第二版

看得懂也會做的AI人工智慧實戰

ABOUT eHappy STUDIO

關於文淵閣工作室

常常聽到很多讀者跟我們說：我就是看您們的書學會用電腦的。是的！這就是我們寫書的出發點和原動力，想讓每個讀者都能看我們的書跟上軟體的腳步，讓軟體不只是軟體，而是提昇個人效率的工具。

文淵閣工作室是一個致力於資訊圖書創作二十餘載的工作團隊，擅長用循序漸進、圖文並茂的寫法，介紹難懂的 IT 技術，並以範例帶領讀者學習程式開發的大小事。我們不賣弄深奧的專有名辭，奮力堅持吸收新知的態度，誠懇地與讀者分享在學習路上的點點滴滴，讓軟體成為每個人改善生活應用、提昇工作效率的工具。舉凡應用軟體、網頁互動、雲端運算、程式語法、App 開發，都是我們專注的重點，衷心期待能盡我們的心力，幫助每一位讀者燃燒心中的小宇宙，用學習的成果在自己的領域裡發光發熱！我們期待自己能在每一本創作中注入快快樂樂的心情來分享，也期待讀者能在這樣的氛圍下快快樂樂的學習。

文淵閣工作室讀者服務資訊

如果您在閱讀本書時有任何的問題或是許多的心得要與所有人一起討論共享，歡迎光臨文淵閣工作室網站，或者使用電子郵件與我們聯絡。

文淵閣工作室網站 **http://www.e-happy.com.tw**

服務電子信箱 **e-happy@e-happy.com.tw**

Facebook 粉絲團 **http://www.facebook.com/ehappytw**

總 監 製	鄧文淵	責任編輯	鄭挺穗・邱文諒
監 督	李淑玲	執行編輯	鄭挺穗・邱文諒・黃信溢
行銷企劃	**David・Cynthia**	企劃編輯	黃信溢

前言

Google AlphaGo 打敗了人類圍棋棋王，在短短幾年的時間內，由業餘棋士的水平到世界冠軍，這是近年來最讓人震憾的科技新聞之一。人類一直以來的夢想是想要讓機器具備足夠的智慧為人類解決問題，帶來便利的生活。但 AlphaGo 的出現則是宣告了人工智慧是有超越人類智慧的可能，一時之間讓這個以往只能在科幻電影中出現的情節變成許多人熱議的話題。

人工智慧 (Artificial Intelligence) 其實早就悄悄地對人類生活帶來全面的影響，而且就在你我身邊：自動駕駛、臉部辨識、智能助理、語音翻譯、物聯網路 … 等，人工智慧的應用風起雲湧，影響了交通、教育、資安、創作、醫療、商業等眾多領域。隨著數據收集越來越多，硬體運算能力越來越快，隨著新的技術與演算法的突破，也讓相關的資訊不斷的出現在你我的生活中。

Python 是目前實作機器學習和深度學習最熱門的程式語言，不僅套件豐富，開發社群和使用企業眾多，而且能快速地應用到實際的生活與產品之中。但機器學習和深度學習本來就不是簡單的課題，學習者常會在讀完理論後只覺得好像蒙在雲裡霧裡，面對數學公式與理論架構不知如何下手，更遑論要實作專題，產出作品。

本書針對機器學習與深度學習領域中最容易上手的方向進行規劃，除了讓學習者能快速感受到機器學習與深度學習威力的雲端應用，也根據許多熱門的主題進行深入的教學，如自然語言分析、文字識別、語音轉換、資訊分析預測、物件自動標示、影像辨識等，其中幾個大型專題更是帶領讀者經歷由徒手資料收集準備、模型訓練調整、資訊檢測修正，一直到最後結果產出的完整流程。

我們希望能以觀念和實作並進，拿掉學習的遮罩與盲點，由淺入深地帶領大家領略人工智慧中的關鍵技術：機器學習和深度學習。不要再漫無目的，沒有系統的吸收資訊，跟著我們感受這趟神奇之旅吧！

文淵閣工作室

學習資源說明

本書範例檔案下載

為了確保您使用本書學習的完整效果，並能快速練習或觀看範例效果，本書在範例檔案中提供了許多相關的學習配套供讀者練習與參考，請讀者線上下載。

1. **本書範例**：將各章範例的完成檔依章節名稱放置各資料夾中。

2. **教學影片**：提供讀者搭配書本中的說明進行學習，相信會有加乘的效果。有提供教學影片的章節，在目錄會有一個 🎬 影片圖示，讀者可以對照使用。

3. **加值文件**：< 一探演算法雲端寶庫：Algorithmia.pdf>

相關檔案可以在碁峰資訊網站免費下載，網址為：

http://books.gotop.com.tw/download/ACL060400

為了確保您在學習本書內容時能得到完整的學習效果，並能快速練習或觀看範例效果，本書提供了許多相關的學習配套供讀者練習與參考。

專屬網站資源

為了加強讀者服務，並持續更新書上相關的資訊的內容，我們特地提供了本系列叢書的相關網站資源，您可以由文章列表中取得書本中的勘誤、更新或相關資訊消息，更歡迎您加入我們的粉絲團，讓所有資訊一次到位不漏接。

技術交流論壇 http://www.e-happy.com.tw/indexforum.asp
藏經閣專欄 http://blog.e-happy.com.tw/?tag= 程式特訓班
程式特訓班粉絲團 https://www.facebook.com/eHappyTT

注意事項

範例檔案的內容是提供給讀者自我練習以及學校補教機構於教學時練習之用，版權分屬於文淵閣工作室與提供原始程式檔案的各公司所有，請勿複製做其他用途。

CONTENTS

本書目錄

Chapter 04 自然語言處理利器：循環神經網路 (RNN)

機器學習雲端開發工具：Google Colab

體驗機器學習雲端平台：Microsoft Azure

臉部辨識登入系統：Azure 臉部辨識應用

Chapter

12

無所遁形術：即時車牌影像辨識

打造開發環境：
TensorFlow 和 Keras

Chapter 01

Python 機器學習與深度學習特訓班

1.1 人工智慧、機器學習和深度學習的關係

人類發明機器的最終目的，是希望它能擁有像人類般的智慧，幫助人類解決問題，這也就是人工智慧出現的原因。其實它並不是一個新的概念，在科技的歷史上至今已經有幾波的興衰。但隨著科技不斷的進步，讓資訊交流速度增加，資料儲存成本下降，機器運算能力增強，也讓人工智慧的風潮又成為近年來十分熱門的關鍵字。

所謂人工智慧就是指人類製造出來的機器具有人類的智慧，從早期的機器手臂取代工廠裡的勞工，到伺服器以規則來過濾垃圾郵件，近來年由於深度學習技術的突破，影像辨識能夠代替醫生問診，自動駕駛取代司機開車，聊天機器人化身為線上客服，甚至連靠腦力的白領工作都可能被取代。

到底什麼是機器學習？什麼是深度學習呢？彼此的關係又是如何？

人工智慧的範圍很大，機器學習是屬於其中的一部分，而深度學習又屬於機器學習的一種。其關係如下圖：

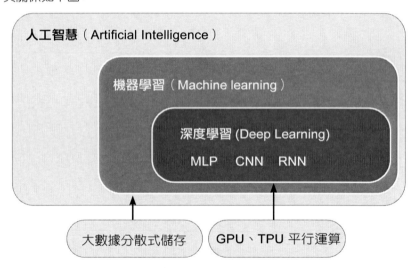

人工智慧

自從 Google DeepMind AlphaGo 戰勝各國圍棋好手後，人工智慧就成為最熱門的話題，其實人工智慧早已出現在我們生活周遭，以智慧型手機來說，其中就包含了人臉指紋辨識解鎖、相簿影片自動分類、影像轉文字翻譯、智慧語音助理 ... 等。

人工智慧 (Artificial Intelligence) 是指讓電腦具有人類的知識與行為，並且具有下列特性：

■ 學習

■ 推理與判斷解決問題

■ 儲存記憶

■ 瞭解人類所說的語言等能力

簡而言之，人工智慧主要在研究如何以電腦的程式技巧，執行一些需要人類智慧才能完成的工作。

機器學習

機器學習 (Machine Learning) 是人工智慧的一個分支，簡單來說機器學習就是透過特殊演算法，讓電腦能經由訓練，從一大堆數據中找出規律性並產生模型，然後利用訓練後產生的模型進行預測。當輸入的數據越來越多，機器也會自動學習並強化，做出更精準的分析。

機器學習已廣泛應用於資料探勘、電腦視覺、自然語言處理、生物特徵辨識、搜尋引擎、醫學診斷、證券市場分析、語音和手寫辨識、機器人等領域。

深度學習

深度學習 (Deep Learning) 是機器學習的一種方式，深度學習的概念早在 90 年代就已經存在，但是因為當時的電腦運算能力不佳，效率不彰，因此沒有獲得太多的關注。直到近年來全球電腦設備因為網路的串連，分散式儲存技術的成熟，產生了龐大的數據，再加上電腦硬體進步以及大量伺服器平行運算能力，而使得深度學習捲土重來，並迅速地蓬勃發展。

在應用上可以把深度學習看成是一個函式集，我們輸入一大堆數據，再透過這個函式集得到最佳的結果。

深度學習目前是人工智慧領域中成長最為快速的，尤其是在視覺辨識、語音識別、自然語言處理與生物資訊學等領域都有廣泛的應用，並取得了極佳的效果。

1.2 什麼是機器學習？

機器學習必須運用大量資料進行「訓練」，並產生模型，然後利用訓練後產生的模型進行「預測」。

1.2.1 認識機器學習

要了解機器學習，可以看看人類學習的過程，人類是如何學會辨識一隻貓的？機器學習大致上可以分為 **訓練 (Training)** 與 **預測 (Predict)** 兩個步驟：

訓練

小時候父母帶著我們看圖片認識動物，當我們看到一隻有四隻腳、尖耳朵、長鬍子的動物，對照圖片上標註的動物名字就知道這是老虎，如果不小心把貓的照片當成老虎，父母會糾正錯誤，貓體型比較小，老虎體型比較壯碩，因此我們就自然地學會辨識老虎了。這樣的學習過程，可以說是父母在「訓練」我們。

預測

當我們學會了辨識老虎，以後去動物園看到一隻有四隻腳、尖耳朵、長鬍子的動物，就知道這是老虎，假如不小心我們又將貓當成老虎，父母會再次糾正我們貓的體型比老虎小，甚至即使父母沒有告訴我們，自己細心比較也會發現其實老虎和貓的體型是不同的。這樣學習後作出判斷的過程，可以說是在作「預測」。

1.2.2 機器學習的訓練資料

機器學習的訓練資料就是過去累積的歷史資料，可能是文字檔、圖片檔、資料庫等。訓練資料是由 **特徵 (Features)** 和 **標籤 (Label)** 組成。

- **Features**：特徵，也就是資料的屬性。例如：瓜果的顏色、瓜蒂的形狀、敲打的聲音等就是特徵。
- **Label**：標籤，也就是資料的結果或是值。例如：水果是「西瓜」、「香瓜」。

如此一來，透過瓜果的特徵，我們就能分辨它是哪一種水果。

1.2.3 **機器學習的訓練和預測**

將大量的數據資料經過特徵萃取後產生 Features 和 Label，就可以透過機器學習產生模型，再用訓練完成的模型對新的資料進行預測。

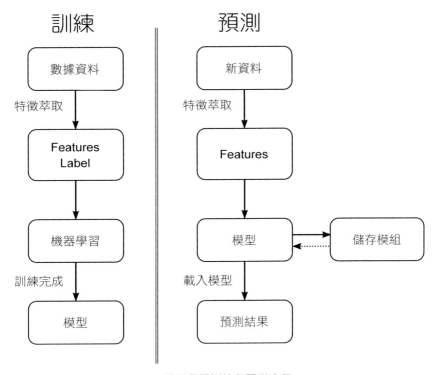

▲ 機器學習訓練與預測流程

也可以將訓練好的模型儲存起來，以後就不必重複訓練，只要載入儲存的模型就可以進行預測。

1.3 什麼是深度學習？

簡單的說，深度學習就是透過各種神經網路，如多層感知器 (MLP)、卷積神經網路 (CNN)、循環神經網路 (RNN) 等，將一大堆的數據輸入神經網路中，讓電腦透過大量數據的訓練找出規律並自動學習，最後讓電腦能依據自動學習累積的經驗作出預測。

深度學習利用電腦模擬人類的神經網路，並將神經網路分成多個層，一般會有 1 個輸入層、隱藏層和 1 個輸出層，因為隱藏層可以是 1 層，也可以非常多層，因此稱為深度學習。

每一層中可以包括許多的神經元，當然也可以只有 1 個神經元。

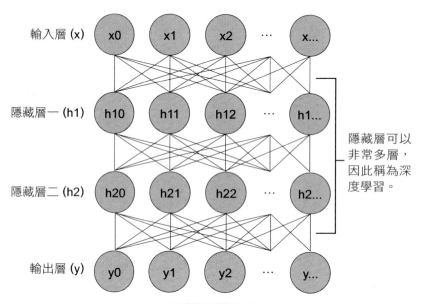

▲ 深度學習基本結構

深度學習之所以厲害就在於它堆疊了很多層，但神經網路並不一定是越多層就越好，有時候太多層反而會得到反效果。

1.4 TensorFlow 與 Keras

1.4.1 認識 TensorFlow

TensorFlow 最早是由 Google Brain 的團隊，基於 Google 第一代深度學習系統 DistBelief 改進而產生，用於 Google 的研究和生產，於 2015 年 11 月在 Apache 2.0 開源許可證下發布，並將這個專案的程式碼與相關工具放在 Github 上，所有的開發者都可以免費使用，並且於 2016 年 4 月加入分散式版本，目前 TensorFlow 仍處於快速開發階段。

▲ https://www.tensorflow.org/

TensorFlow 是屬於比較低階的深度學習 API，開發者可以自由配置運算環境進行深度學習神經網路研究。TensorFlow 的特點如下：

■ 處理器：可以在 CPU、GPU、TPU 上執行

■ 跨平台：可在 Windows、Linux、Android、iOS、Raspberry Pi 執行。

■ 分散式執行：具有分散式運算能力，可以同時在數百台電腦上執行訓練，大幅縮短訓練的時間

■ 前端程式語言：Tensorflow 可以支援多種前端程式語言，例如：Python、C++、Java 等，目前以 Python 的表現最佳。

■ 高階 API：Tensorflow 可以開發許多種高階的 API，例如：Keras、TF-Learn、TF-Slim、TF-Layer 等，其中以 Keras 功能最完整。

除了這樣不夠，還必須使用足夠厲害的硬體才行，Google 推出的 TPU (Tensor Processing Units) 就是專為 TensorFlow 而研發的硬體加速器。目前第二代又稱為 Cloud TPU，已經具有訓練機器學習模型，及處理推理任務兩種能力。

1.4.2 認識 Keras

Keras 是一個高階的神經網路 API，其中內容採用 Python 撰寫，主要由 Francois Chollet 及其他開放原始碼社群成員一同開發，以 MIT 開放原始碼授權，可以在 TensorFlow 或 Theano 上運行。

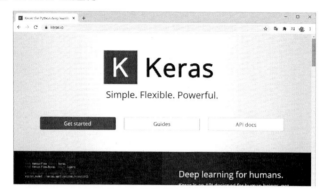

▲ https://keras.io/

Keras 內建了許多常用的深度學習神經網路元件，包括卷積層 (CNN)、循環層 (RNN) 等，開發者可以簡單又快速地建構出龐大又複雜的深度學習神經網路架構，比起 TensorFlow 及 Theano 效率高出許多。

Keras 已經將訓練模型的輸入層、隱藏層、輸出層架構做好，只需要加入正確的參數 如輸入層神經元個數、隱藏層神經元個數、輸出層神經元個數、激發函式等，訓練 上較 TensorFlow 容易許多。

Keras 內部的深度學習計算可以使用 TensorFlow 或 Theano 作為底層，本書是採用 TensorFlow，因此所有 TensorFlow 的優點也都會具備。

Keras 的訓練流程也很簡單，建立深度學習的神經網路架構後，只要對訓練模型作設 定，接著呼叫函式並傳入如指定參數，就可以開始訓練了。

Keras 可說是最適合初學者及研究人員的深度學習套件，不像 TensorFlow 必須自行 設計一大堆的計算公式，讓使用者可以在很短的時間內學習並開發應用。當然 Keras 也有小小的缺點，就是自由度不如 TensorFlow，且沒有辦法使用到底層套件的全部 功能。

1.5 建置 Anaconda 開發環境

Python 可在多種平台開發執行，本書以 Windows 系統做為開發平台。

Python 系統內建 IDLE 編輯器可撰寫及執行 Python 程式，但其功能過於陽春，本書以 Anaconda 模組做為開發環境，不但包含超過 300 種常用的科學及資料分析模組，還內建 Spyder(IDLE 編輯器加強版) 編輯器及 Jupyter Notebook 編輯器。

1.5.1 安裝 Anaconda

Aaconda 的特色

Anaconda 擁有下列特點，使其成為初學者最適當的 Python 開發環境：

■ 內建眾多流行的科學、工程、數據分析的 Python 模組。

■ 完全免費及開源。

■ 支援 Linux、Windows 及 Mac 平台。

■ 支援 Python 2.x 及 3.x，且可自由切換。

■ 內建 Spyder 編譯器。

■ 包含 jupyter notebook 環境。

Anaconda 的安裝步驟

1. 開啟 Anaconda 官網「https://www.anaconda.com」 到 **Products / Individual Edition** 單元。

2. 捲到網頁下方，請根據自己電腦的系統下載安裝檔。例如這裡點選 Windows 系統圖示，下載的為 Python 3.8 版、64 位元的安裝檔案。

3. 在下載的安裝檔按滑鼠左鍵兩下開始安裝，於開始頁面按 **Next** 鈕，再於版權頁面按 **I Agree** 鈕。

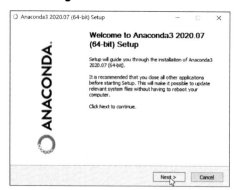
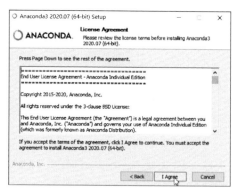

4. 核選 **All Users** 後按 **Next** 鈕，再按 **Next** 鈕，核選 **Add Anaconda to the system PATH enviroment variable** 加入環境變數，按 **Install** 鈕安裝。

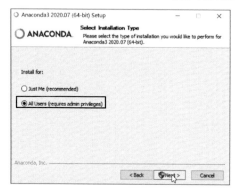
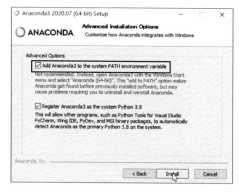

5. 安裝需一段時間才能完成。安裝完成後按兩次 **Next** 鈕，最後按 **Finish** 鈕結束安裝。執行**開始 / 所有程式**，即可在 **Anaconda3** 中見到多個項目，較常使用的功能是 **Anaconda Prompt**、**Jupyter Notebook** 及 **Spyder**。

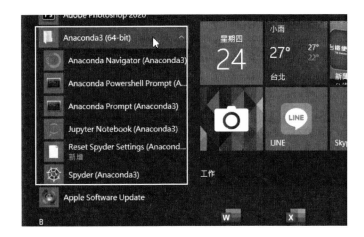

1.5.2 Anaconda Prompt 管理模組

Python 最為程式設計師稱道的就是擁有數量龐大的模組，大部分功能都有現成的模組可以使用，不必程式設計師花費時間精力自行開發。你可以使用 Anaconda Prompt 進行模組管理。

啟動 Anaconda Prompt

Anaconda Prompt 命令視窗類似 Windows 系統「命令提示字元」視窗，輸入命令後按 **Enter** 鍵就會執行。

Anaconda Prompt 的預設執行路徑為 <C:\Users\ 電腦名稱 >，只要執行**開始 / 所有程式 /Anaconda3(64-bit)/Anaconda Prompt** 即可開啟。

▲ Anaconda Prompt

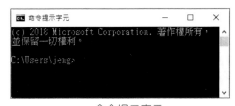

▲ 命令提示字元

安裝指令

安裝模組的指令可使用 pip 或是 conda，多數的模組可使用上述兩種命令的任何一種進行安裝。但某些模組會指定 pip 或 conda 才能安裝，建議安裝時可以多多嘗試。

功能	pip 指令	conda 指令
查詢模組列表	pip list	conda list
更新模組	pip install -U 模組名稱	conda update 模組名稱
安裝模組	pip install 模組名稱	conda install 模組名稱
移除模組	pip uninstall 模組名稱	conda remove 模組名稱

1. **查詢模組列表**：顯示 Anaconda 已安裝模組的命令為：

```
pip list
```

　　命令視窗會按照字母順序顯示已安裝模組名稱及版本：

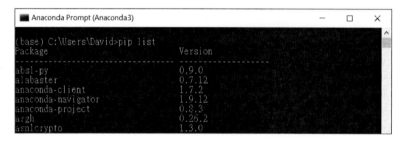

2. **查詢模組更新列表**：如果要查詢模組是否有更新，可以使用以下命令：

```
pip list --outdated
```

　　命令視窗會顯示可以更新的模組名稱、安裝版本及目前最新的版本：

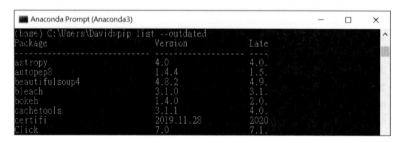

　　如此一來即可視需求進行模組的更新動作。

3. **查詢模組詳細資料**：如果要查詢模組的詳細資料，以 **numpy** 為例，可以使用以下命令：

```
pip show numpy
```

會顯示模組版本、簡介、官方網站、作者及聯絡資訊、本機安裝路徑與相關模組。

4. **安裝模組**：若模組未安裝則可進行安裝，例如安裝 numpy 模組：

```
pip install numpy
```

預設會安裝最新的版本。

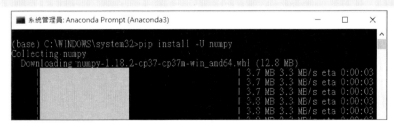

安裝模組時可以指定安裝版本，以 **numpy** 為例：

```
pip install numpy==1.17.0
```

注意，**模組名稱後的「==」及版本號碼之間，不能有空白。**

5. **更新模組**：為確保模組是最新版本，可進行更新，以 **numpy** 為例：

```
pip install -U numpy
```

Python 機器學習與深度學習特訓班

6. **移除模組**：若確定模組不再使用，可以移除提升效率。以 numpy 為例：

```
pip uninstall numpy
```

更新及移除模組命令需有系統管理員權限

在 Windows 10 系統執行更新及移除模組命令時建議需有系統管理員權限，如此在建立或刪除資料夾才會有正確的權限，此時可以系統管理員身分開啟 Anaconda Prompt 命令視窗，

開啟方法為：在 **開始 / Anaconda3 (64-bit) / Anaconda Prompt** 按滑鼠右鍵，於快顯功能表點選 **更多 / 以系統管理員身分執行**。

1.6 TensorFlow 及 Keras 的安裝

TensorFlow 及 Keras 的安裝十分簡單，但因為軟體開發時常會有版本的更新，詳細的內容可以參考：「https://www.tensorflow.org/install」。

TensorFlow 支援的系統

目前 TensorFlow 可支援下列 64 位元系統：

1. Python 3.5 以上版本

2. Ubuntu 16.04 以上版本

3. Windows 7 以上版本

4. macOS 10.12.6 (Sierra) 以上版本 (不支援 GPU)

5. Raspbian 9.0 以上版本

安裝 TensorFlow

在本機安裝 Tensorflow 與 Keras 很簡單，執行**開始 / 所有程式 /Anaconda3(64-bit)/ Anaconda Prompt** 開啟命令視窗，TensorFlow 安裝的語法如下：

```
pip install tensorflow
```

安裝 Keras

接著安裝 Keras，語法如下：

```
pip install keras
```

1.7 設定 TensorFlow 的 GPU 支援

TensorFlow 除了可以使用中央處理器 (CPU) 進行運算,其實還有使用圖形處理器 (GPU) 進行運算的版本,執行速度快將近數十倍。在電腦上設定 TenserFlow 的 GPU 支援需要主機顯示卡支援 CUDA,安裝前請先確定設備是否相容。

1.7.1 查看顯示卡是否支援 CUDA

CUDA 是由 NVIDIA 開發的用於圖形處理器 (GPU) 上的通用計算的並行運算平台和程式設計模組。借助 CUDA 的幫助,開發人員可以透過利用 GPU 的強大功能大大加速應用程序的運算速度。

查看顯示卡名稱

請開啟 **裝置管理員** 視窗,點選 **顯示卡** 查看顯示卡名稱。

查看是否支援 CUDA 顯示卡

因為是 GeForce 系列的顯示卡,可在「https://developer.nvidia.com/cuda-gpus」上點選 **CUDA-Enabled GeForce Products** 查看該顯示卡是否支援 CUDA。

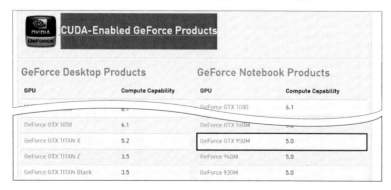

1.7.2 **下載和安裝 CUDA Toolkit**

在安裝 CUDA Toolkit 之後，請將 NVIDIA 顯示卡的 GPU 驅動程式更新到最新的版本，以利設定時使用。

下載 **CUDA Toolkit**

確認顯示卡支援 CUDA 後可由「https://developer.nvidia.com/cuda-toolkit-archive」下載 CUDA Toolkit。一般狀況總是會使用最新的版本，但根據經驗，許多人在安裝後不一定能順利編譯執行，因為最新版 Python 並不一定能即時支援，所以建議安裝時能多測幾個版本。**註：因應 CUDA Toolkit 版本可能之更新，可以參考「https://www.tensorflow.org/install/gpu」的頁面資訊。**

本書編寫時，CUDA Toolkit 最新的版本為 11.1，但 TensorFlow 2.1.0 以上版本只支援到 CUDA 10.1，以下將以這個版本進行示範：

1. 開啟「https://developer.nvidia.com/cuda-toolkit-archive」頁面後，請點選 **CUDA Toolkit 10.1**。

2. 請依作業系統版本選取適合的版本，例如：選擇 **Operating System**:Windows、**Auchitecture**:x86_64、**Version**:10、**Installer Type**:exe [local]。

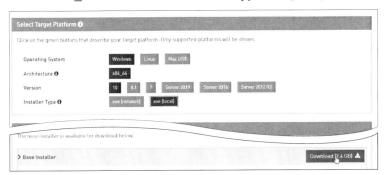

安裝 **CUDA Toolkit**

1. 點選下載執行檔後即可進行安裝，安裝過程需要解壓縮檔案，預設解壓縮目錄為
   <C:\Users\chiou\AppData\Local\Temp\CUDA>，按 **OK** 鈕。

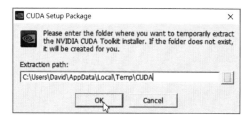

2. 進入畫面按 **同意並繼續** 鈕，選項選擇 **快速 (建議選項)**，按 **下一步** 鈕。

3. 安裝完成後按 **下一步** 鈕，最後按 **關閉** 鈕結束安裝。

1.7.3 **下載和安裝 cuDNN**

cuDNN 是 NVIDIA CUDA 深度神經網路函式庫，是用於深度神經網路的 GPU 加速函式庫，可以優化神經網路執行卷積、池化、規範化和激活等動化。

下載 **cuDNN**

1. 由「https://developer.nvidia.com/cudnn」進入，點選 **Download cuDNN** 鈕。

2. 下載 cuDNN 必須註冊加入成為開發者計畫的會員。

3. 成為會員後，進入下載頁面，核選同意條款，並依前面安裝的 CUDA 版本選擇指定的 cuDNN 版本，本例是選擇 for CUDA 10.1 版本。

4. 選擇指定的 cuDNN Library，點選 **cuDNN Library for Windows 10** 開始下載。

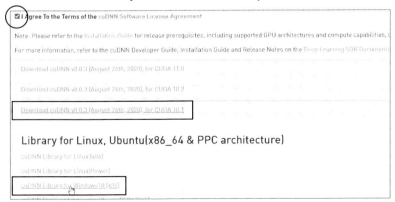

安裝 cuDNN

將下載的壓縮檔解壓縮後會產生一個 <cuda> 資料夾,請將它放置在磁碟中。例如這裡將它移動到 C 碟,在 <cuda\bin> 目錄中的檔案就是要安裝的動態連結程式庫。

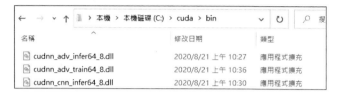

將動態連結程式庫加入環境變數

1. 由 **設定** 介面搜尋「**進階系統設定**」開啟視窗,按 **環境變數** 鈕。

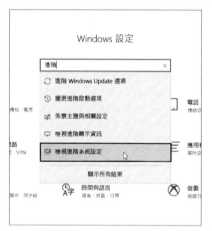

2. 在 **環境變數** 視窗選 **Path** 後按 **編輯** 鈕進行設定,按 **新增** 鈕加入「C:\cuda\bin」路徑,最後按 **確定** 鈕。

1.7.4 測試 TensorFlow GPU 是否安裝成功

在 TensorFlow GPU 虛擬環境中執行 Spyder，開啟本章範例檔 <GPU_test.py>，執行 **Run / Run** 或點選工具列 ▶ 鈕就會執行程式，會在命令視窗區顯示目前電腦主機使用的 CPU 及 GPU 的名稱。

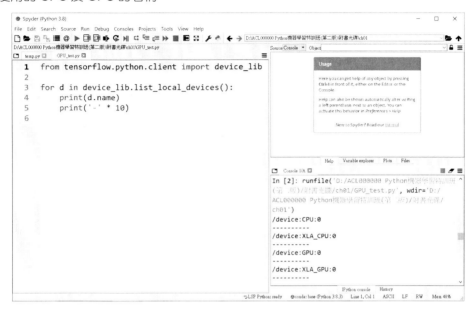

Memo

Chapter 02

機器學習起點：
多層感知器 (MLP)

2.1 認識多層感知器 (MLP)

2.1.1 認識神經網路

這是一個長寬各 28 像素的手寫數字圖片，但是人類的大腦很神奇，可以很輕鬆就辨識出這個數字來。而且當換上代表相同數字的其他手寫圖片，即使內容前後組成有所差異，也都能被輕易地辨識出來。

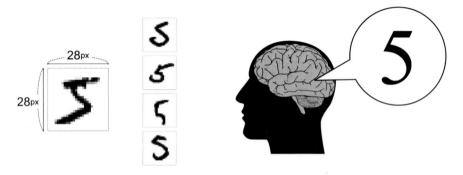

不過當希望寫個程式來重現這樣的能力，這在瞬間就會變成非常困難的任務！神經網路的加入是讓機器學習解決這個問題的很好途徑，但你了解它是怎麼運作的嗎？這裡將用簡單方式說明神經網路，了解它完整的模樣。

神經元的運作

神經網路 (Neural Network) 一如其名，是由人類的大腦神經結構的運作借鏡而來，在機器學習的世界中，神經元就像是大腦的神經細胞，是神經網路最基礎的結構，在它們相互結合下，建構整個龐大的運作網路，實現學習、處理及預測等功能。

神經元是彼此相連的，以下是單獨取出單一神經元的運作模型，每個神經元中都有一個 **閾值**，它的功能是設下一個門檻，如果所接收的訊號值運算後大於這個門檻，神經元就會被觸發，將接收的值經由 **激勵函式** 轉換，輸出到下一個神經元。

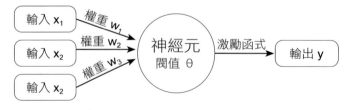

▲ 單一神經元模型：單層感知器

其中接收的訊號值就是由其他神經元傳遞過來的多個 **輸入值 (x)** 乘上相關的 **權重 (w)** 再與 **閥值 (θ)** 比較的動作，是很重要的關鍵，**機器學習就是在調整每個輸入值與所配置的權重**。訊號值越大越容易觸發神經元，對於神經網路運作的影響也越大。反之，訊號值越小影響就越小，而太小的訊號甚至可以忽略來節省運算的資源，讓輸出值的誤差降到最小，這個調整轉換輸出值的方式就是 **激勵函式**。

感知器的模型

感知器 (Perceptron) 就是模仿人類大腦皮層中神經網路模型進行學習的機制，所以傳遞訊號的神經元都是按層排列。單一神經元模型就是最單純的 **單層感知器**。為了解決更複雜的問題，於是發展出由接收輸入訊號的 **輸入層** 與產生輸出信號的 **輸出層** 所建構的 **2 層感知器**。

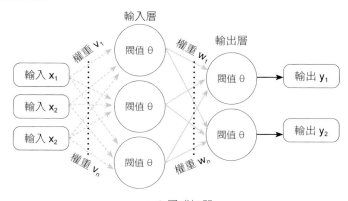

▲ 2 層感知器

為了提高學習的準確率，神經網路更發展到有一個 **輸入層**、一個或多個 **隱藏層** 及一個 **輸出層** 的 **多層感知器** (MLP，Multilayer Perceptron)。

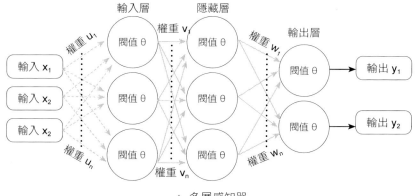

▲ 多層感知器

2.1.2 多層感知器的運作

介紹了神經元、感知器後,接著就利用手寫數字辨別來說明多層感知器大致的運作方式。

多層感知器的模型

神經元在接收輸入訊號後可以想像它是儲存了一個數字的容器,其值介於 0 到 1 之間。以 28 * 28 像素的手寫辨識圖片來說,每個像素就是一個神經元,也就是一張圖片在 **輸入層** 總共有 784 個神經元,每個神經元都儲存了一個數字來代表對應像素的灰階值,數值的範圍介於 0 跟 1 之間。而灰階值 0 代表黑色,1 代表白色,這些數字稱為 **激勵值**,數值越大則該神經元就越亮。在輸入時要將矩陣平面化 (將 28 列前後相接成一列),也就是這 784 個神經元組成了神經網路的第一層。

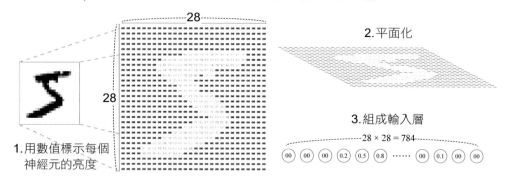

1. 用數值標示每個神經元的亮度

2. 平面化

3. 組成輸入層

28 × 28 = 784

完成了輸入層,先不管其他層的內容,來看看它最右方的 **輸出層**,也就是最後判斷的結果,其中有 10 個神經元,各代表了數字 0 到 9,其中也有代表的激勵值。

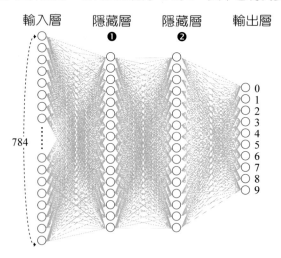

輸入層　　隱藏層 ❶　　隱藏層 ❷　　輸出層

784

為了方便說明，在這裡設計了二個 **隱藏層**，每層有 16 個神經元。在真實的案例中可依據需求來設置調整隱藏層與神經元的數量。

多層感知器的流程

不同以往的資料處理技術，在神經網路中每一層神經元中激勵值操作的結果會影響下一層的激勵值，一層一層之間激勵值的傳遞最後輸出判斷的結果，它的本質是在模仿人類大腦細胞被激發，引發其他神經細胞的連鎖反應。

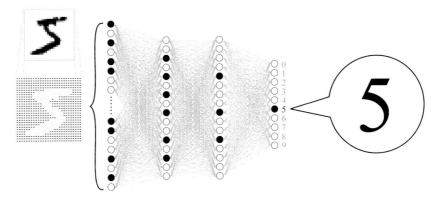

而激勵值是如何在各層之間傳遞的呢？而隱藏層又是如何運作的呢？再回到剛才的問題，在辨識手寫數字圖片時，可以將文字拆解成各個筆劃較好處理。

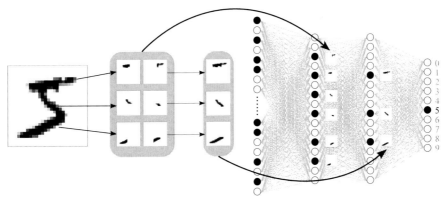

在理想的狀態下會希望在第二層的神經元能辨識各別不同的筆劃，也就是對應到某個筆劃的神經元激勵值趨近於 1 而被點亮，再到下一層時能連接其他的部份再將合併後的對應神經元點亮，最終到輸出層時就能將代表結果數字的神經元點亮，得到最後的答案。

各層傳遞的數學模型

其中每一層神經元中激勵值的傳遞方式,第一步是把該層每個神經元的值 (a) 乘上藉由訓練所得到的 **權重 (w)** 再全部加總起來。接著要設置一個觸發神經元啟動的閥值門檻,這裡稱為 **偏置 (Bias)**,請將剛才的權重值總合減去偏置值。因為計算的結果可能為任何的數,但必須將這個結果壓縮限制在 0 與 1 之間,這裡就要透過一些函式進行處理,也就所謂的 **激勵函式 (Activation Functions)**。

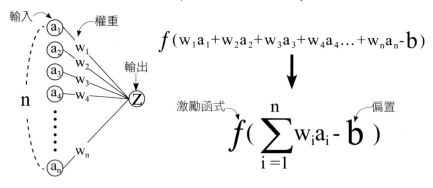

$$f(w_1a_1 + w_2a_2 + w_3a_3 + w_4a_4 \ldots + w_na_n - b)$$

$$f\left(\sum_{i=1}^{n} w_i a_i - b\right)$$

機器學習的目的

以上的動作只是第一層的所有神經元傳遞到下一個神經元的動作,試想以剛才手寫數字圖片辨識來說,輸入層有 784 個神經元,那到第一個隱藏層有 16 個神經元,就必須有 784 x 16 個權重與 16 個偏置,整個過程有一個輸入層、二個隱藏層、一個輸出層,至少就會超過 13,000 個必須要調整的參數。

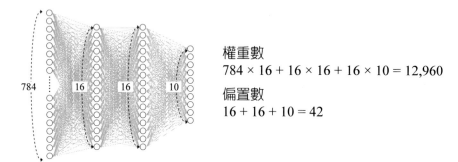

權重數
$784 \times 16 + 16 \times 16 + 16 \times 10 = 12,960$

偏置數
$16 + 16 + 10 = 42$

那機器學習的意義,就是要利用電腦在這一大堆參數中進行運算調整,最後能夠得到正確的結果。想像一下,如果你要手動的調整這些權重與偏置數,那是多麼大的一個工程啊!

2.2 認識 MNIST 資料集

在電腦螢幕上顯示「Hello World」，是許多程式初學者所學習的第一個範例。在機器學習的領域中，MNIST 資料集也擁有一樣的地位，當你開始接觸相關的資料，無論是學習或是教學，都一定不會陌生。

MNIST 資料集 (Modified National Institute of Standards and Technology database)，是由紐約大學 Yann LeCun 教授蒐集整理許多人 0 到 9 的手寫數字圖片所形成的資料集，其中包含了 60000 筆的訓練資料，10000 筆的測試資料。在 MNIST 資料集中，每一筆資料都是由 images（數字圖片）和 labels（真實數字）組成的單色圖片資料，很適合機器學習的初學者，練習建立模型、訓練和預測。

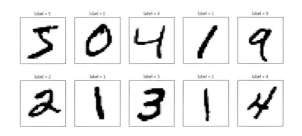

MNIST 資料集的應用範圍很廣，除了進行機器學習的練習，還可以真正使用在生活中，例如用來辨識支票的手寫金額、電話號碼、車牌號碼，甚至改考卷呢！

2.2.1 下載與讀取 MNIST 資料集

本章範例將利用 MNIST 資料集進行機器學習與深度學習，省去收集、整理、格式化資料等繁瑣的工作，將注意力專注在學習上，你也可以藉由這個成熟的資料集磨鍊自己的開發技巧。

下載 MNIST 資料集

在 Python 中透過 Keras 就可以下載 MNIST 資料集，請先匯入 mnist 模組，再利用 mnist 模組的 load_data 方法，即可載入資料，語法如下：

```
from keras.datasets import mnist
(train_feature, train_label), \
(test_feature, test_label) = mnist.load_data()
```

```
Console 1/A  ☒

Downloading data from https://storage.googleapis.com/tensorflow/
tf-keras-datasets/mnist.npz
11493376/11490434 [==============================] - 0s 0us/step
```

mnist.load_data() 第一次執行會將資料下載到使用者目錄下的 <.keras\datasets> 目錄中，檔名為 <mnist.npz>。

本機 › Windows (C:) › 使用者 › chiou › .keras › datasets

```
✓  .keras                名稱
     datasets             mnist.npz
>  .kivy
```

讀取 MNIST 資料集

第二次以後執行則會先檢查 MNIST 資料集的檔案是否已經存在，如果已經存在就不再重複下載。由於只需要從已經下載檔案中載入資料，因此執行速度會快很多。載入資料後分別放在 (train_feature, train_label) 和 (test_feature, test_label) 變數中，其中 (train_feature, train_label) 是訓練資料，(test_feature, test_label) 是測試資料，可以使用 load_data() 函式讀入，語法如下：

```
(train_feature, train_label),(test_feature, test_label) = mnist.load_data()
```

2.2.2 查看訓練資料

顯示訓練資料內容

訓練資料是由單色的數字圖片 (images) 和數字圖片真實值 (labels) 所組成，兩者都是 60000 筆，可以使用 len() 函式查看資料的長度：

```
print(len(train_feature),len(train_label))  # 60000 60000
```

每一筆單色的數字圖片是一個 28*28 的圖片檔，真實值則是一個 0~9 的數字。可以使用 shape 屬性查看其維度：

```
print(train_feature.shape,train_label.shape)#(60000, 28, 28)(60000,)
```

shape 分別為 (60000, 28, 28) 和 (60000,)，表示有 60000 張 28*28 的數字圖片和 60000 個數字圖片真實值 (又稱標籤)，示意如下：

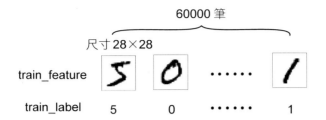

顯示訓練資料的圖片與值

以下利用自訂程序 show_image 以白底黑字來顯示 2*2 吋大小的數字圖片，參數 image 是指定要顯示的圖片。

```python
import matplotlib.pyplot as plt
def show_image(image):
    fig = plt.gcf()
    fig.set_size_inches(2, 2) # 數字圖片大小
    plt.imshow(image, cmap='binary') #白底黑字顯示
    plt.show()
```

例如：顯示要訓練資料第 1 個數字圖片 train_feature[0]，會看到數字 5 的圖形。

```python
show_image(train_feature[0])
```

train_label 是訓練資料數字圖片的真實值，可以 print 直接顯示。例如：顯示訓練資料第 1 個數字圖片真實值的 train_label[0]，將會得到數字 5。

```python
print(train_label[0])
```

2.2.3 查看多筆訓練資料

如果顯示數字圖片時也同時顯示真實值和預測值，會更方便觀察預測結果是否正確，以下利用自訂程序 show_images_labels_predictions 即可達成：

```python
def show_images_labels_predictions(images,labels,
                                   predictions,start_id,num=10):
```

```python
    plt.gcf().set_size_inches(12, 14)
    if num>25: num=25
    for i in range(num):
        ax=plt.subplot(5,5, i+1)
        # 顯示黑白圖片
        ax.imshow(images[start_id], cmap='binary')

        # 有 AI 預測結果資料，才在標題顯示預測結果
        if( len(predictions) > 0 ) :
            title = 'ai = ' + str(predictions[start_id])
            # 預測正確顯示 (o)，錯誤顯示 (x)
            title += (' (o)' if predictions[start_id]==
                labels[start_id] else ' (x)')
            title += '\nlabel = ' + str(labels[start_id])
        # 沒有 AI 預測結果資料，只在標題顯示真實數值
        else :
            title = 'label = ' + str(labels[start_id])

        # X, Y 軸不顯示刻度
        ax.set_title(title,fontsize=12)
        ax.set_xticks([]);ax.set_yticks([])
        start_id+=1
    plt.show()
```

- 參數 images 是數字圖片，labels 是真實值，predictions 是預測值。

- start_id 是開始顯示的索引編號，num 是要顯示的圖片個數，最多可顯示 25 張，預設為 10 張。

- 如果有傳入預測值就會在標題上顯示預測值、預測是否正確、真實值，否則只會顯示真實值。

例如：顯示訓練資料前 10 筆資料。

```python
show_images_labels_predictions(train_feature,train_label,[],0,10)
```

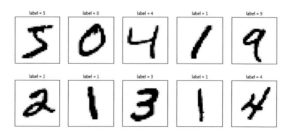

2.3 多層感知器模型資料預處理

在進入訓練前，必須針對多層感知器的輸入輸出資料進行預處理，以增加模型效率。

2.3.1 Feature 資料預處理

Feature (數字圖片特徵值) 就是模型中輸入神經元輸入的資料，每一個 MNIST 數字圖片都是一張 28*28 的 2 維向量圖片，必須轉換為 784 個 float 數字的 1 維向量，並將 float 數字標準化，當作輸入神經元的輸入，才能增加模型訓練的效率。因此，總共需要 784 個輸入。

轉為 1 維向量

1. 以 reshape() 函式將 28*28 的數字圖片轉換為 784 個數字的 1 維向量，再以 astype 將每個數字都轉換為 float 數字。

```
train_feature_vector =train_feature.reshape(len(train_feature),
    784).astype('float32')
test_feature_vector = test_feature.reshape(len(test_feature),
    784).astype('float32')
```

2. 以 shape 屬性查看，數字圖片已轉換為 784 個數字的 1 維向量。

```
print(train_feature_vector.shape,test_feature_vector.shape)
    #(60000, 784) (10000, 784)
```

3. 以 print(train_feature_vector[0]) 顯示第 1 筆 image 資料內容，可看到資料是 0~255 的浮點數，這些數字就是圖片中每一個點的灰階值。如下：

```
print(train_feature_vector[0])
```

```
Console I/A
   0.   0.   0.   0.   0.   0.   0.   0.   0.   0.   0.   0.   0.   0.
   0.   0.   0.   0.   0.   0.   0.   0.   0.   0.   0.   0.   3.  18.
  18.  18. 126. 136. 175.  26. 166. 255. 247. 127.   0.   0.   0.   0.
   0.   0.   0.   0.   0.   0.   0.  30.  36.  94. 154. 170. 253.
 253. 253. 253. 253. 225. 172. 253. 242. 195.  64.   0.   0.   0.
```

標準化

1. 將 0~255 的數字，除以 255 得到 0~1 之間浮點數，稱為標準化 (Normalize)，標準化之後可以提高模型預測的準確度，增加訓練效率。

```
train_feature_normalize = train_feature_vector/255
test_feature_normalize = test_feature_vector/255
```

2. 以 print(train_feature_normalize[0]) 顯示第 1 筆 image 正規化的資料內容,可看到資料是 0~1 的浮點數。

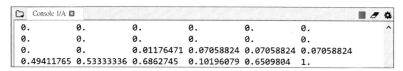

2.3.2 Label 資料預處理

Label (數字圖片真實值) 原本是 0~9 的數字,為了增加模型效率,神經元輸出比較常採用 One-Hot Encoding 編碼 (一位有效編碼) 的方式,輸出的所有位元中只有 1 個是 1,其餘都是 0。使用 np_utils.to_categorical() 方法可以將數字轉換成 One-Hot Encoding 編碼。

0~9 的數字的 One-Hot Encoding 編碼如下:

真實值	0	1	2	3	4	5	6	7	8	9
0	1	0	0	0	0	0	0	0	0	0
1	0	1	0	0	0	0	0	0	0	0
2	0	0	1	0	0	0	0	0	0	0
...										
9	0	0	0	0	0	0	0	0	0	1

1. 首先顯示 Label 真實值,方便前後對照。例如:訓練資料 Label 的前 5 筆。

```
print(train_label[0:5])   # [5 0 4 1 9]
```

2. 以 from keras.utils import np_utils 匯入模組,以 to_categorical 方法轉換。

```
train_label_onehot = np_utils.to_categorical(train_label)
test_label_onehot = np_utils.to_categorical(test_label)
```

3. 顯示 Label 轉換後的 One-Hot Encoding 編碼。如下:

```
print(train_label_onehot[0:5])
```

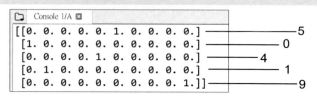

2.4 多層感知器實戰：MNIST 手寫數字圖片辨識

本章將建立多層感知器模型，並以 MNIST 手寫數字圖片資料集，訓練模型、評估準確率並儲存，然後利用訓練的模型，辨識 MNIST 手寫數字圖片。

2.4.1 多層感知器訓練和預測

多層感知器的重點在於訓練與預測，MNIST 資料集在這二個階段的重要工作如下：

訓練 (Train)

MNIST 資料集共有 60000 筆訓練資料，將訓練資料的 Feature(數字圖片特徵值) 和 Label(數字真值實) 都先經過預處理，作為多層感知器的輸入、輸出，然後進行模型訓練。

預測 (Predict)

模型訓練完成以後就可以用來作預測，將要預測的數字圖片，先經過預處理變成 Feature(數字圖片特徵值)，就可送給模型作預測，得到 0~9 數字的預測結果。

也可以將訓練好的模型儲存起來，以後就可以不再重複訓練，如果要在其他程式中使用，只要載入儲存的模型就可以進行預測。

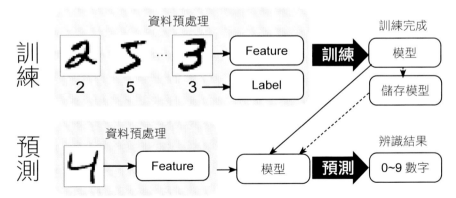

2.4.2 多層感知器手寫數字圖片辨識流程

以多層感知器進行 MNIST 手寫數字圖片訓練和預測的步驟如下：

❶	資料預處理	將 Feature 特徵值換為 784 個 float 數字的 1 維向量,並將 float 數字標準化,將 Label 轉換為 One-Hot Encoding 編碼。
❷	建立多層感知器模型	建立含有輸入、隱藏、輸出層的模型。
❸	訓練模型	以訓練資料的 Feature 和 Label,執行指定次數的訓練。
❹	評估模型準確率	使用測試資料,評估模型準確率。
❺	圖片預測	以訓練完成的模型,對想要測試的數字圖片進行預測。

2.4.3 資料預處理

載入資料

匯入 mnist 模組,以 mnist 模組的 load_data 方法,載入資料。

```
from keras.datasets import mnist
(train_feature, train_label),\
(test_feature, test_label) = mnist.load_data()
```

Feature 特徵值轉換

將 Feature 特徵值轉換為 784 個 float 數字的 1 維向量。

```
train_feature_vector = train_feature.reshape(len(train_feature), 784)
                       .astype('float32')
test_feature_vector = test_feature.reshape(len( test_feature), 784)
                      .astype('float32')
```

Feature 特徵值標準化

將 0~255 的數字,除以 255 得到 0~1 之間浮點數,稱為標準化 (Normalize),以提高模型預測的準確度。

```
train_feature_normalize = train_feature_vector/255
test_feature_normalize = test_feature_vector/255
```

label 轉換為 One-Hot Encoding 編碼

以 to_categorical 方法將訓練和測試的 Label 轉換為 One-Hot Encoding 編碼。

```
train_label_onehot = np_utils.to_categorical(train_label)
test_label_onehot = np_utils.to_categorical(test_label)
```

2.4.4 建立多層感知器模型

多層感知器模型

1. **輸入層**：每一個 MNIST 數字圖片是一張 28*28 的 2 維向量圖片，再以 reshape 將 2 維轉換為 784 個 float 數字的 1 維向量，並將 float 數字標準化，當作輸入神經元的輸入，因此，總共需要 784 個輸入神經元。

2. **隱藏層**：輸入層和輸出層中間的內部神經元，稱為隱藏層，隱藏層可以只有 1 層，也可以是多層，甚至在隱藏層間再加入 Drop Out (拋棄層)。

3. **輸出層**：預測的結果就是輸出層，就是 0~9 共有 10 個數字，代表有 10 個輸出神經元。

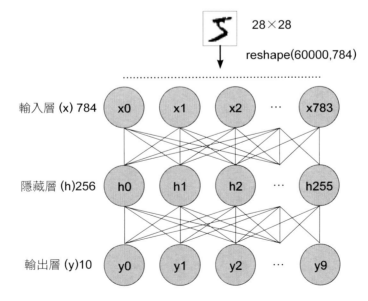

接著先建立一個較簡單的多層感知器模型，輸入層 (x) 共有 784 個神經元、只有一個隱藏層 (h) 共有 256 個神經元、輸出層 (y) 有 10 個神經元的模型。

建立 Sequential 模型

匯入 Sequential 模組後即可以 Sequential 建立模型。

```
from keras.models import Sequential
model = Sequential()
```

建立輸入層和隱藏層

以 add 方法可以增加輸入層和隱藏層，Dense 為上下層緊密連結的神經網路層。

參數 units=256 代表隱藏層神經元數目有 256 個、input_dim=784 代表輸入層神經元數目有 784 個，kernel_initializer='normal' 代表使用常態分佈的亂數，初始化權重 (weight) 和偏置 (bias)，activation='relu' 代表使用激勵函式為 relu。

```
from keras.layers import Dense
model.add(Dense(units=256,
                input_dim=784,
                kernel_initializer='normal',
                activation='relu'))
```

建立輸出層

參數 units=10 代表輸出層神經元數目有 10 個，輸入層不需要設定，它會自動連結上一層的輸入層的 256 個神經元，使用常態分佈的亂數初始化權重 (weight) 和偏置 (bias)，激勵函式為 softmax。

```
model.add(Dense(units=10,
                kernel_initializer='normal',
                activation='softmax'))
```

2.4.5 訓練模型

設定模型的訓練方式

訓練中必須以 compile 方法定義 Loss 損失函式、Optimizer 最佳化方法和 metrics 評估準確率方法，Keras 提供許多內建的方法，可以當作訓練參數。

```
model.compile(loss='categorical_crossentropy',
              optimizer='adam', metrics=['accuracy'])
```

- **loss='categorical_crossentropy'**：設定損失函式為 categorical_crossentropy。

- **optimizer='adam'**：設定最優化方法為 adam。

- **metrics=['accuracy']**：設定評估模型方式為 accuracy 準確率。

進行訓練

fit 方法可以進行訓練，訓練時必須設定訓練資料和標籤。語法如下：

```
model.fit(x= 特徵值 ,y= 標籤 ,validation_split = 驗證資料百分比 ,
          epochs= 訓練次數 ,batch_size= 每批次有多少筆 ,verbose = n)
```

- **x,y**：設定訓練特徵值和標籤，這兩個參數是必須的。

- **validation_split**：設定驗證資料百分比，例如 0.2 表示將訓練資料保留 20% 當作驗證資料。省略時將不保留驗證資料，全部資料都會作訓練用。

- **epochs**：訓練次數，省略時只訓練 1 次

- **batch_size**：設定每批次讀取多少筆資料。

- **verbose**：設定是否顯示訓練過程，0 不顯示、1 詳細顯示、2 簡易顯示。

例如：以 (train_feature_normalize,train_label_onehot) 為訓練特徵值和標籤，訓練資料保留20% 作驗證，也就是說會有0.8 * 60,000 = 48,000 筆資料作為訓練資料、0.2 * 60,000 = 12,000 筆資料作為驗證資料。訓練 10 數，每批次讀取 200 筆資料，顯示簡易的訓練過程。

```
train_history =model.fit(x=train_feature_normalize,
                         y=train_label_onehot,validation_split=0.2,
                         epochs=10, batch_size=200,verbose=2)
```

執行的顯示結果如下圖：

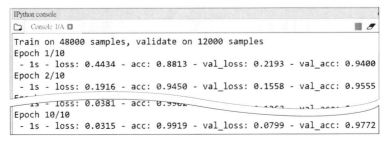

- **loss**: 使用訓練資料，得到的損失函式誤差值 (值越小代表準確率越高)。

- **acc**: 使用訓練資料，得到的評估準確率 (值在 0~1，越大代表準確率越高)。

- **val_loss**: 使用驗證資料，得到的損失函式誤差值 (越小代表準確率越高)。
- **val_acc**: 使用驗證資料，得到的評估準確率 (值在 0~1，越大代表準確率越高)。

2.4.6 評估準確率

evaluate 方法可以評估模型的損失函式誤差值和準確率，它會傳回串列，第 0 個元素為損失函式誤差值，第 1 個元素為準確率。

例如：使用測試資料評估模型的準確率。

```
scores = model.evaluate(test_feature_normalize, test_label_onehot)
print('\n準確率 =',scores[1])
```

2.4.7 進行預測

訓練好的模型，就可以用 predict_classes 方法進行預測，本例是以測試資料將其特徵值標準化後的 test_feature_normalize 作預測。

```
prediction=model.predict_classes(test_feature_normalize)
```

以下是顯示訓練好的模型對 MNIST 資料集前 10 筆預測的結果。

```
show_images_labels_predictions(test_feature,test_label,prediction,0)
```

結果中 ai 是由程式所辨別的數字，下方是 MNIST 資料集前 10 筆的 Label 與圖片資料，辨識的結果正確率即高。

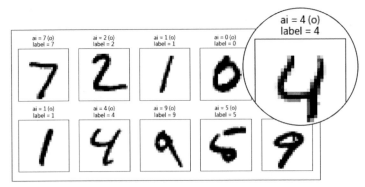

2.4.8 完整程式碼

程式碼：**Keras_Mnist_MLP.py**

```python
1   import numpy as np
2   from keras.utils import np_utils
3   np.random.seed(10)
4   from keras.datasets import mnist
5   import matplotlib.pyplot as plt
6   from keras.models import Sequential
7   from keras.layers import Dense
8
9   def show_image(image):
10      fig = plt.gcf()
11      fig.set_size_inches(2, 2)
12      plt.imshow(image, cmap='binary')
13      plt.show()
14
15  def show_images_labels_predictions(images,labels,
16                          predictions,start_id,num=10):
17      plt.gcf().set_size_inches(12, 14)
18      if num>25: num=25
19      for i in range(0, num):
20          ax=plt.subplot(5,5, 1+i)
21          # 顯示黑白圖片
22          ax.imshow(images[start_id], cmap='binary')
23
24          # 有 AI 預測結果資料，才在標題顯示預測結果
25          if( len(predictions) > 0 ) :
26              title = 'ai = ' + str(predictions[start_id])
27              # 預測正確顯示 (o)，錯誤顯示 (x)
28              title += (' (o)' if predictions[start_id]==
29                      labels[start_id] else ' (x)')
29              title += '\nlabel = ' + str(labels[start_id])
30          # 沒有 AI 預測結果資料，只在標題顯示真實數值
31          else :
32              title = 'label = ' + str(labels[start_id])
33
34          # X, Y 軸不顯示刻度
35          ax.set_title(title,fontsize=12)
36          ax.set_xticks([]);ax.set_yticks([])
37          start_id+=1
38      plt.show()
```

```
39
40  #建立訓練資料和測試資料,包括訓練特徵集、訓練標籤和測試特徵集、測試標籤
41  (train_feature, train_label),\
42  (test_feature, test_label) = mnist.load_data()
43
44  #show_image(train_feature[0])
45  #show_images_labels_predictions(train_feature,train_label,[],0,10)
46
47  # 將 Features 特徵值轉換為 784個 float 數字的 1 維向量
48  train_feature_vector =train_feature.reshape(len(train_feature),
        784).astype('float32')
49  test_feature_vector = test_feature.reshape(len( test_feature),
        784).astype('float32')
50
51  #Features 特徵值標準化
52  train_feature_normalize = train_feature_vector/255
53  test_feature_normalize = test_feature_vector/255
54
55  #label 轉換為 One-Hot Encoding 編碼
56  train_label_onehot = np_utils.to_categorical(train_label)
57  test_label_onehot = np_utils.to_categorical(test_label)
58
59  # 建立模型
60  model = Sequential()
61  # 輸入層:784, 隱藏層:256,輸出層:10
62  model.add(Dense(units=256,
63                  input_dim=784,
64                  kernel_initializer='normal',
65                  activation='relu'))
66  model.add(Dense(units=10,
67                  kernel_initializer='normal',
68                  activation='softmax'))
69  # 定義訓練方式
70  model.compile(loss='categorical_crossentropy',
71              optimizer='adam', metrics=['accuracy'])
72
73  # 以 (train_feature_normalize,train_label_onehot) 資料訓練,
74  #訓練資料保留 20% 作驗證,訓練 10 次、每批次讀取 200 筆資料,顯示簡易訓練過程
75  train_history =model.fit(x=train_feature_normalize,
76                          y=train_label_onehot,validation_split=0.2,
77                          epochs=10, batch_size=200,verbose=2)
78
```

```
79   # 評估準確率
80   scores = model.evaluate(test_feature_normalize, test_label_onehot)
81   print('\n 準確率 =',scores[1])
82
83   # 預測
84   prediction=model.predict_classes(test_feature_normalize)
85
86   # 顯示圖像、預測值、真實值
87   show_images_labels_predictions(test_feature,test_label,prediction,0))
```

程式說明

■ 1-7　　　匯入相關模組。

■ 9-13　　 自訂程序 show_image 以白底黑字顯示 2*2 吋大小的數字圖片。

■ 15-38　　自訂程式 show_images_labels_predictions 顯示數字圖片、真實值。

■ 41-42　　建立訓練資料和測試資料，包括訓練特徵集、訓練標籤和測試特徵集、測試標籤。

■ 44-45　　在開發過程中查看圖片。

■ 48-49　　將訓練特徵值轉換為 784 個 float 數字的 1 維向量。

■ 52-53　　將訓練特徵值標準化。

■ 56-57　　將真實值轉換為 One-Hot Encoding 編碼。

■ 60　　　 建立模型。

■ 62-65　　模型中加入神經元數目有 784 個的輸入層、神經元數目有 256 個的隱藏層，使用 normal 初始化 weight 權重與 bias 偏置值，激活函式使用 relu。

■ 66-68　　模型中加入神經元數目有 10 個的輸出層、使用常態分佈的亂數初始化權重 (weight) 和偏置 (bias)，激勵函式為 softmax。

■ 70-71　　定義 Loss 損失函式、Optimizer 最佳化方法和 metrics 評估準確率方法。

■ 75-77　　以 (train_feature_normalize,train_label_onehot) 為訓練特徵值和標籤，訓練資料保留 20% 作驗證，訓練 10 數，每批次讀取 200 筆資料，顯示簡易的訓練過程。

■ 80-81　　以 test_feature_normalize 評估準確率。

■ 84　　　 對 test_feature_normalize 作預測。

■ 87　　　 顯示圖像、預測值、真實值。

2.5 模型儲存和載入

在資料訓練完成後所產生的模型可以儲存起來，這樣以後就可以不用再花費時間重新訓練，在其他程要預測時只要載入儲存的模型即可。

2.5.1 模型儲存

Keras 使用 HDF5 檔案系統來儲存模型，模型儲存一般使用 .h5 為副檔名，語法：

```
model.save( 檔名 )
```

例如：將模型存為 <Mnist_mlp_model.h5> 檔。

```
model.save('Mnist_mlp_model.h5')
```

【範例】將訓練的模型儲存為 <Mnist_mlp_model.h5>。(Mnist_MLP_saveModel.py)

```
準確率= 0.9767
Mnist_mlp_model.h5 模型儲存完畢!
```

訓練的程式碼和 <Keras_Mnist_MLP.py> 相同，只列出儲存模型的程式碼。

程式碼：**Mnist_MLP_saveModel.py**

```
...
48   #將模型儲存至 HDF5 檔案中
49   model.save('Mnist_mlp_model.h5')
50   print("Mnist_mlp_model.h5 模型儲存完畢!")
51   del model
```

程式說明

- 49-50　　以 save 方法儲存模型，顯示「儲存完畢！」訊息。
- 51　　　　以 del 刪除模型。

2.5.2 載入模型

當訓練資料很龐大時，訓練一次可能需要很長的時間，這時就可以直接載入已訓練好的模型作為預測，減少重複訓練的時間。

記得先以 from keras.models import load_model 匯入相關模組，再載入模型：

```
load_model( 檔名 )
```

例如：載入前面儲存的 <Mnist_mlp_model.h5> 模型檔。

```
load_model('Mnist_mlp_model.h5')
```

範例：載入訓練完成的模型檔，預測 test_feature_normalize，執行結果同 <Keras_ Mnist_MLP.py>。

程式碼：Mnist_MLP_loadModel.py

```
1~4  略
5      from keras.models import load_model
6
7    def show_images_labels_predictions(images,labels,
8                                     predictions,start_id,num=10):
9~31 略
32   #建立訓練資料和測試資料，包括訓練特徵集、訓練標籤和測試特徵集、測試標籤
33   (train_feature, train_label),\
34   (test_feature, test_label) = mnist.load_data()
35
36   #將 Features 特徵值換為 784個 float 數字的 1 維向量
37   test_feature_vector = test_feature.reshape(len( test_feature),
        784).astype('float32')
38
39   #Features 特徵值標準化
40   test_feature_normalize = test_feature_vector/255
41
42   # 從 HDF5 檔案中載入模型
43   print(" 載入模型 Mnist_mlp_model.h5")
44   model = load_model('Mnist_mlp_model.h5')
46   # 預測
47   prediction=model.predict_classes(test_feature_normalize)
48
49   #顯示圖像、預測值、真實值
50   show_images_labels_predictions(test_feature,test_label,prediction,0)
```

程式說明

- 5　　　　匯入 load_model 方法。
- 44　　　 載入 <Mnist_mlp_model.h5> 模型檔。
- 47-50　 預測 test_feature_normalize 並顯示前 10 筆預測結果。

2.5.3 預測自己的數字圖片

前面範例預測的圖片是 MNIST 測試資料的數字圖片,現在要改用自己準備的數字圖片來預測,請注意這些圖片都已製作成 28*28 的灰階圖片,圖片檔名中第 1 個字元為圖片的真實值,例如:<9_1.jpg>、<9_2.jpg> 的真實值為 9。

【範例】載入訓練完成的 <Mnist_mlp_model.h5> 模型檔,預測 <imagedata> 目錄的數字圖片。(Mnist_MLP_Predict.py)

<imagedata> 數字圖片檔和檔名:

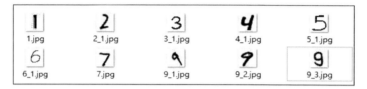

安裝 opencv

本範例使用到 opencv,如果尚未安裝請開啟 Anaconda Prompt 視窗安裝:

```
pip install opencv-python==4.2.0.34
```

執行結果

前 9 個數字預測正確,第 10 個數字預測錯誤。

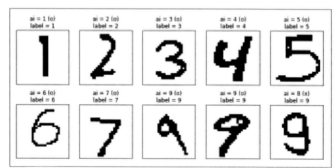

> 程式碼:**Mnist_MLP_Predict.py**

```
...
5    import glob,cv2
...
32   #建立測試特徵集、測試標籤
33   files = glob.glob("imagedata\*.jpg" )
```

```
34   test_feature=[]
35   test_label=[]
36   for file in files:
37       img=cv2.imread(file)
38       img=cv2.cvtColor(img,cv2.COLOR_BGR2GRAY)   # 灰階
39       _, img = cv2.threshold(img, 127, 255,
                 cv2.THRESH_BINARY_INV) # 轉為反相黑白
40       test_feature.append(img)
41       label=file[10:11]  # 例如："imagedata\1.jpg" 第10個字元1為 label
42       test_label.append(int(label))
43
44   test_feature=np.array(test_feature) # 串列轉為矩陣
45   test_label=np.array(test_label)       # 串列轉為矩陣
46
47   # 將 Features 特徵值換為 784個 float 數字的 1 維向量
48   test_feature_vector = test_feature.reshape(len(test_feature),
         784).astype('float32')
49
50   #Features 特徵值標準化
51   test_feature_normalize = test_feature_vector/255
52
53   # 從 HDF5 檔案中載入模型
54   print(" 載入模型 Mnist_mlp_model.h5")
55   model = load_model('Mnist_mlp_model.h5')
56
57   # 預測
58   prediction=model.predict_classes(test_feature_normalize)
59
60   # 顯示圖像、預測值、真實值
61   show_images_labels_predictions(test_feature,test_label,
         prediction,0,len(test_feature))
```

程式說明

- 5　　　　匯入相關模組。

- 33-45　　將數字圖片加入 test_feature 串列，真實值加入 test_label 串列。

- 37-39　　載入圖片後作灰階、反相黑白處理。

- 41　　　　圖片檔名如 <imagedata\9_1.jpg> 的真實值為 9，可以 file[10:11] 取得該字元。

- 42　　　　真實值必須換為 int。

- 44-45　　將串列轉為矩陣。

- 58-61　　預測自己的數字圖片並顯示預測結果。

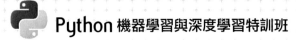
2.6 模型權重的儲存和載入

當訓練資料非常龐大時,模型的訓練方式可以採用累積的方式,縮短每次訓練的時間,只要增加訓練的次數,一樣可以達到很好的訓練效果,因為每次訓練的模型會累加。

模型權重儲存

這種模型累積訓練的方式必須使用模型權重來達成,權重是模型的參數 (但不包括模型),可以 save_weights 方法儲存模型權重,語法:

```
model.save_weights( 檔名 )
```

tensorflow 2.3.0 以 model.save_weights(檔名) 會產生三個中間檔案,其檔案格式為 <checkpoint>、< 檔名 .index> 和 < 檔名 .data-00000-of-00001>。

例如:將模型權重儲存在 <Mnist_mlp_model_2.weight> 檔。

```
model.save_weights("Mnist_mlp_model_2.weight")
```

執行後將產生 <checkpoint>、<Mnist_mlp_model_2.weight.index> 和 <Mnist_mlp_model_2.weight.data-00000-of-00001> 三個中間檔案。

模型權重載入

只要載入已儲存的模型權重,就會取回上次的模型參數,這樣模型就會繼續上次的訓練,達到累積的效果。使用 load_weights 方法可以載入模型權重,語法:

```
model.load_weights( 檔名 )
```

例如:載入前面儲存的 <Mnist_mlp_model_2.weight> 模型權重檔。

```
model.load_weights("Mnist_mlp_model_2.weight")
```

範例:建立模型權重檔 <Mnist_mlp_model_2.weight> 將訓練完成模型累積儲存在 <Mnist_mlp_model_2.h5> 模型檔中,並預測 test_feature_normalize。(Mnist_MLP_saveWeight.py)

本例中故意以 epochs=1 設定每次只訓練 1 次。

```
train_history =model.fit(…略
                    epochs=1, batch_size=200,verbose=2)
```

由於模型權重檔 <Mnist_mlp_model_2.weight> 會累積訓練效果，因此執行前請先刪除由「model.save_weights("Mnist_mlp_model_2.weight")」產生的 <checkpoint>、<Mnist_mlp_model_2.weight.index> 和 <Mnist_mlp_model_2.weight.data-00000-of-00001> 參個中間檔案以及 <Mnist_mlp_model_2.h5> 模型檔，讓訓練重新開始。

本例中故意以 epochs=1 設定每次只訓練 1 次。所以執行後準確率為 0.9304，數字 5 預測錯誤。

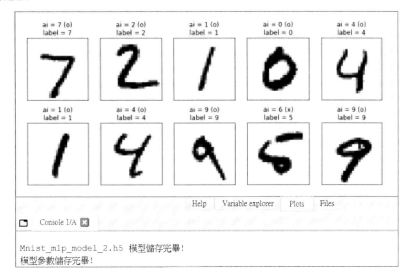

因為 <Mnist_mlp_model_2.weight> 模型權重檔會累積訓練效果，因此執行多次後 (約 7 次)，準確率已提高到 0.9745，數字 5 可正確預測。

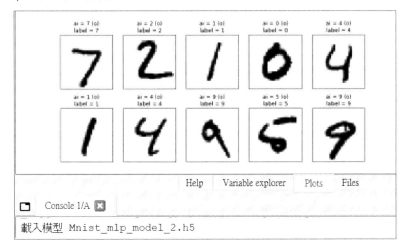

> **程式碼：Mnist_MLP_saveWeight.py**

```
...
56  # 建立模型
57  model = Sequential()
...
69  try:
70      model.load_weights("Mnist_mlp_model_2.weight") # 載入參數(不含模型)
71      print(" 載入模型參數成功，繼續訓練模型 !")
72  except :
73      print(" 載入模型參數失敗，開始訓練一個新模型 !")
74
75  # 以 (train_feature_normalize,train_label_onehot) 資料訓練，
76  # 訓練資料保留 20% 作驗證，訓練 1 次、每批次讀取 200 筆資料，顯示簡易訓練過程
77  train_history =model.fit(x=train_feature_normalize,
78                           y=train_label_onehot,validation_split=0.2,
79                           epochs=1, batch_size=200,verbose=2)
...
91  model.save('Mnist_mlp_model_2.h5')         # 將模型儲存至 HDF5 檔案中
92  print("\nMnist_mlp_model_2.h5 模型儲存完畢 !")
93  model.save_weights("Mnist_mlp_model_2.weight") # 將參數儲存不含模型
94  print(" 模型參數儲存完畢 !")
95
96  del model
```

程式說明

- **69-71**　載入已儲存的 <Mnist_mlp_model_2.weight> 模型權重檔。

- **72-73**　若模型權重檔尚未建立，提示將建立此檔案，並於第 93 列建立檔案。

- **79**　　以 epochs=1 設定每次只訓練 1 次。

- **91**　　儲存模型檔。

- **93**　　儲存模型權重檔。

<Mnist_MLP_loadModel_2.py> 和 <Mnist_MLP_loadModel.py> 相似，但載入的模型是 <Mnist_mlp_model_2.h5> 模型檔。

因為 <Mnist_mlp_model_2.h5> 模型檔，會不斷累積訓練效果，因此執行後會發現 <Mnist_MLP_loadModel_2.py> 預測效果會隨著 <Mnist_MLP_saveWeight.py> 執行次數增加。

2.7 建立多個隱藏層

在多層感知器的模型中，為了增加訓練準確度，可以加入多層的隱藏層，並且也可以 DropOut 避免過渡擬合的現象，當然這樣相對也會花費較多的時間。

2.7.1 過渡擬合 (Overfitting)

如果在訓練時 acc 訓練的準確度增加，但是 val_acc 驗證的準確度卻沒有增加，這可能就是過渡擬合 (Overfitting) 的現象。什麼是過渡擬合呢？

下圖中黑色實線曲線是訓練後希望找到的較佳曲線，但因為訓練太少或訓練過久卻因過渡擬合得到虛線曲線。

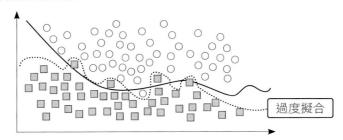

2.7.2 加入拋棄層 (DropOut) 避免過渡擬合

只要加入適當的拋棄層 (DropOut)，就可解決過渡擬合的問題，建立時必須以 from keras.layers import DropOut 匯入模組。語法：

```
model.add(Dropout( 放棄百分比 ))
```

放棄百分比表示拋棄層中要放棄神經元的百分比，例如：放棄 50%。

```
model.add(Dropout(0.5))
```

2.7.3 建立含有多個隱藏層的多層感知器

可以加入多層的隱藏層，並在隱藏層中加入適度的拋棄層避免過渡擬合的現象，當然這樣會花費較多的時間，但準確度會明顯提高。

以加入兩層隱藏層為例，第一層有 256 個神經元，並加入 DropOut(0.2) 的拋棄層，第二層有 128 個神經元，並加入 DropOut(0.2) 的拋棄層。如下圖：

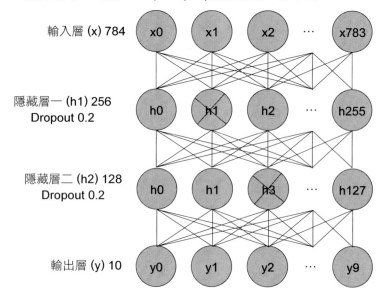

執行結果：

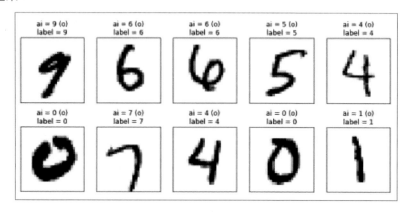

準確率 = 0.9782999753952026

程式碼：`Keras_Mnist_MLP_Dropout.py`

```
...
51  # 建立模型
52  model = Sequential()
53  # 輸入層：784, 第一個隱藏層：256
54  model.add(Dense(units=256,
55                  input_dim=784,
56                  kernel_initializer='normal',
57                  activation='relu'))
58  model.add(Dropout(0.2)) # Dropout 20%
59
60  # 第二個隱藏層：128
61  model.add(Dense(units=128,
62                  kernel_initializer='normal',
63                  activation='relu'))
64  model.add(Dropout(0.2)) # Dropout 20%
65
66  # 輸出層：10
67  model.add(Dense(units=10,
68                  kernel_initializer='normal',
69                  activation='softmax'))
...
```

程式說明

■ 54-57　建立含 784 神經元的輸入層，含 256 神經元的第一個隱藏層。

■ 58　　　加入 DropOut(0.2) 的拋棄層。

■ 61-64　建立含 128 神經元的第二個隱藏層，DropOut(0.2) 的拋棄層。

■ 67-69　建立含 10 神經元的輸出層。

Memo

Chapter 03

影像識別神器：
卷積神經網絡（CNN）

✽ **卷積神經網路 (CNN) 基本結構**
卷積神經網路結構圖；卷積層 (Convolution Layer); 池化層 (Pooling Layer); 第 2 次的卷積、池化處理

✽ **認識 Kaggle Cats and Dogs Dataset 資料集**
下載與讀取 Kaggle Cats and Dogs Dataset 資料集；建立訓練資料和測試資料

✽ **卷積神經網路實戰：貓狗圖片辨識**
kagglecatsanddogs 圖片辨識卷積神經網路模型；卷積神經網路貓狗圖片辨識流程；資料預處理；建立卷積神經網路模型；觀察模型；訓練模型；評估準確率；進行預測；完整程式碼

✽ **模型權重的儲存和載入**
模型儲存；載入模型；預測自己下載的貓狗圖片

3.1 卷積神經網路 (CNN) 基本結構

卷積神經網路 (Convolutional Neural Network) 簡稱 **CNN**，它是目前深度神經網路 (Deep Neural Network) 領域發展的主力，在圖片辨別上甚至可以做到比人類還精準的程度。

3.1.1 卷積神經網路結構圖

和多層感知器相比較，卷積神經網路增加 **卷積層 1、池化層 1、卷積層 2、池化層 2**，提取特徵後再以 **平坦層** 將特徵輸入神經網路中。以下使用 MNIST 資料集進行說明：

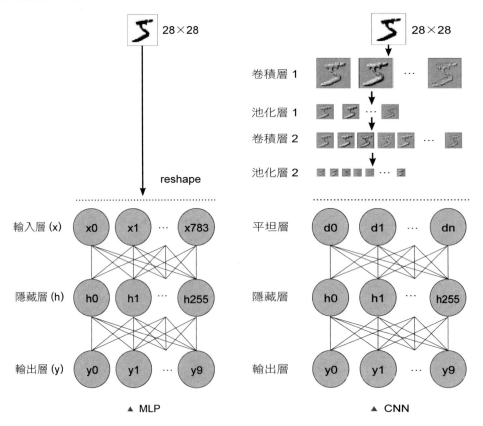

- 上方右圖中最上方有卷積層 1、池化層 1、卷積層 2、池化層 2，將原始的圖片以卷積、池化處理，產生更多稱為特徵的小圖片，作為輸入的神經元。

- 平坦層相當於多層感知器的輸入層，可以將特徵輸入神經網路中。

3.1.2 卷積層 (Convolution Layer)

卷積就是將原始圖片與特定的濾鏡 (Feature Detector) 進行卷積運算，你也可以將卷積運算看成是原始圖片濾鏡特效的處理，filters 可以設定濾鏡數目，kernel_size 可以設定濾鏡 (filter) 大小，每一個濾鏡都會以亂數處理的方式產生不同的卷積運算，因此可以得到不同的濾鏡特效效果，增加圖片的數量。

以 model.add(Conv2D()) 語法可以加入卷積層。例如：加入 10 個濾鏡，濾鏡大小為 3*3，原始圖片大小 28*28 的卷積層。

```
model.add(Conv2D(filters=10,
                 kernel_size=(3,3),
                 padding='same',
                 input_shape=(28,28,1),
                 activation='relu'))
```

- filters: 設定濾鏡個數，每一個 filter 都會產生不同的濾鏡特效效果。
- kernel_size: 設定濾鏡大小，一般為 5*5 或 3*3 的大小。
- padding: 設定卷積運算圖片大小，padding='same' 設定得到與原始圖片相同大小的卷積運算圖片。
- input_shape: 設定原始圖片的大小，(28,28,1) 表示每一張圖片的大小為 28*28。
- activation: 設定激勵函式，relu 函式會將小於 0 的資訊設定為 0。

上例因為有 10 個濾鏡，因此會產生 10 張 28*28 的卷積運算圖片。

3.1.3 池化層 (Pooling Layer)

池化層 (Pooling Layer) 是採用 Max Pooling，只挑出矩陣當中的最大值，相當於只挑出圖片局部最明顯的特徵，這樣就可以縮減卷積層產生的卷積運算圖片數量。

以 model.add(MaxPooling2D()) 可以加入池化層，pool_size 方法設定縮減的比率。例如：加入可將卷積運算圖片大小縮減一半的池化層 (長、寬各縮減一半)。

```
model.add(MaxPooling2D(pool_size=(2, 2)))
```

以前面範例，原來 10 張 28*28 的卷積運算圖片，經過 pool_size=(2, 2) 的池化處理就會得到 10 張 14*14 的卷積運算圖片，如果是使用 pool_size=(4, 4) 的池化處理則會得到 10 張 7*7 的卷積運算圖片。

3.1.4 **第 2 次的卷積、池化處理**

為了增加訓練效果,一般會使用兩次的卷積、池化處理。也就是再建立卷積層 2、池化層 2,作第 2 次的卷積、池化處理。

建立卷積層 2

卷積層 2 會繼續處理池化層 1 中池化處理完的圖片,但只會依 filters 濾鏡個數產生設定的圖片數量,不會改變圖片的大小。

例如:加入 20 個濾鏡,濾鏡大小為 3*3 的第 2 個卷積層。

```
model.add(Conv2D(filters=20,
                 kernel_size=(3,3),
                 padding='same',
                 activation='relu'))
```

以前面範例,池化處理得到 10 張 14*14 的圖片,以 filters=20 設定 20 個濾鏡,經過卷積層 2 處理後將會產生 20 張 14*14 的卷積運算圖片。

建立池化層 2

同樣方式,可再將卷積運算圖片以池化層 2 作縮緻,池化後圖片數量不會減少。

例如:建立可將卷積層 2 的圖片大小縮減一半的池化層。

```
model.add(MaxPooling2D(pool_size=(2, 2)))
```

以前面範例,原來 20 張 14*14 的卷積運算圖片,經過 pool_size=(2, 2) 池化處理就會得到 20 張 7*7 的圖片。

平坦層、隱藏層與輸出層

1. **平坦層**:輸入神經元的數量,值為 20*7*7=980,它會透過平坦層將特徵輸入神經網路中。

2. **隱藏層**:包含多個隱藏神經元,可以只使用一層,也可以使用多層增加訓練效果。

3. **輸出層**:輸出神經元為 0~9 共 10 個。

3.2 認識 Kaggle Cats and Dogs Dataset 資料集

Kaggle Cats and Dogs Dataset 資料集是著名的貓狗影像資料集，包含貓與狗的圖片各 12500 張。以下將會這些圖片調整成相同大小後，再將圖片分成訓練資料和測試資料，就可以透過機器學習建立模型、訓練和預測。

3.2.1 下載與讀取 Kaggle Cats and Dogs Dataset 資料集

本章範例將利用 Kaggle Cats and Dogs Dataset 資料集進行深度學習的操作，省去收集、整理資料等繁瑣的工作。

下載資料集

連結「https://www.microsoft.com/en-us/download/details.aspx?id=54765」網址，按 **Download** 鈕即可下載 <kagglecatsanddogs_3367a.zip> 檔。

解壓縮 <kagglecatsanddogs_3367a.zip> 後會建立 <PetImages> 目錄，該目錄中含有 <Cats> 和 <Dogs> 兩個目錄，<Cats> 和 <Dogs> 目錄中各包含有 15000 張圖片。

讀取資料集

逐一讀取 <Cats> 和 <Dogs> 目錄中的所有圖片,由於原始影像大小不一,因此以 resize 調整為相同大小 (40*40),然後存入 images 串列,同時也將標籤存入 labels 串列,因為只有貓、狗兩個類別,所有標籤內容是 0 和 1。注意:在 <Cats> 和 <Dogs> 目錄中各有一張 0 Kb 的假照片和 1 個 <Thumbs.db> 檔,可以先手動的把這些圖給刪除掉。但如果沒有處理,在讀取檔案時就必須加入 try~except 錯誤補捉,避免讀取這些不合法檔案時會產生錯誤。程式如下:

```
1    import os,cv2,glob
...
6    # 將原始圖片 resize 後存在 images 串列,標籤存在 labels 串列
7    images=[]
8    labels=[]
9    dict_labels = {"Cat":0, "Dog":1}
10   size = (40,40) # 由於原始資料影像大小不一,因此制定一個統一值
11   for folders in glob.glob("PetImages/*"):
12       print(folders,"圖片讀取中…")
13       # 只讀取貓、狗圖片
14       for filename in os.listdir(folders):
15           label=folders.split("\\")[-1]
16           try:
17               img=cv2.imread(os.path.join(folders,filename))
18               if img is not None:
19                   img = cv2.resize(img,dsize=size)
20                   images.append(img)
21                   labels.append(dict_labels[label])
22           except:
23               print(os.path.join(folders,filename)," 無法讀取!")
24               pass
```

程式說明

- 1   匯入相關模組。
- 7-8   建立 images、labels 串列儲存圖片和標籤。
- 9   建立字典,依 Cat、Dog 類別名稱,取得 0、1 的值。
- 10   調整圖片的大小,本例為 40*40,注意:若圖片大小會訓練會佔用太多的記憶體,甚至會因記憶體不足無法訓練。
- 11-12   逐一讀取並顯示 PetImages 的目錄,也就是 Cat 和 Dog 目錄。

- ■ 14-23　讀取所有的圖片檔案，如果讀取錯誤，該張圖不予處理，繼續讀取下一張圖片。

- ■ 15　　取得 Cat 和 Dog 目錄名稱，例如：folders="PetImages\Cat"，folders.split("\\")[-1] 將得到 Cat。

- ■ 17-21　以 OpenCV 讀取圖片後調整成 40*40 大小，如果讀入的圖片結果不是空值，將調整大小的圖片加入 images 中列，標籤加入 labels 串列。

查看資料和標籤的長度

理論上 Cats、Dogs 目錄各有 15000 張，但實際讀取圖片時，有些圖片格式不符被剔除，實際讀取的圖片是 24946 張。可以使用 len() 函式查看資料和標籤的長度

```
print(len(images),len(labels))  # 24946 24946
```

3.2.2 建立訓練資料和測試資料

依比率分為訓練資料和測試資料

利用 sklearn.model_selection 的 train_test_split 方法可以將資料分為訓練資料和測試資料，包括訓練特徵集、測試特徵集、訓練標籤和測試標籤，test_size=0.2 表示測試資料佔 20%，參數 random_state 設為 42 用來確保每次切分資料的結果都相同。如下：

```
from sklearn.model_selection import train_test_split
# 建立訓練資料和測試資料，包括訓練特徵集、測試特徵集、訓練標籤和測試標籤
train_feature,test_feature,train_label,test_label = \
    train_test_split(images,labels,test_size=0.2,random_state=42)
```

執行後 80% 的資料作為訓練用，20% 的資料作為測試用。

將串列資料轉換為矩陣

原來的資料格式是串列，必須轉換為 np.array() 的格式才能進行訓練。

```
train_feature=np.array(train_feature)  # 串列轉為矩陣
test_feature=np.array(test_feature)    # 串列轉為矩陣
train_label=np.array(train_label)      # 串列轉為矩陣
test_label=np.array(test_label)        # 串列轉為矩陣
```

顯示訓練和測試資料內容

訓練資料和測試資料都是由彩色的貓、狗圖片 (images) 和貓、狗圖片真實值 (labels) 所組成,兩者資料筆數分別是 19956 和 4990。可以使用 shape 屬性查看其維度:

```
print(len(train_feature),len(test_feature))   # 19956 4990
print(train_feature.shape,train_label.shape)  # (19956, 40, 40, 3) (19956,)
print(test_feature.shape,test_label.shape)    # (4990, 40, 40, 3) (4990,)
```

shape 分別為 (19956, 40, 40, 3) (19956,) 及 (4990, 40, 40, 3) (4990,),表示有訓練資料有 19956 張 40*40 的圖片和 19956 個標籤,測試資料有 4990 張 80*80 的圖片和 4990 個標籤,示意如下:

儲存訓練資料和測試資料

可以 np.save() 方法將這些訓練特徵集、測試特徵集、訓練標籤和測試標籤儲存在檔案中,下次要訓練時就不必再花很多的時間建立訓練資料和測試資料,只要載入已儲存的檔案即可。例如:將訓練特徵集、測試特徵集、訓練標籤和測試標籤分別儲存成 <train_feature.npy>、<test_feature.npy>、<train_label.npy> 和 <test_label.npy> 檔。

```
imagesavepath='Cat_Dog_Dataset/'
if not os.path.exists(imagesavepath):
    os.makedirs(imagesavepath)
np.save(imagesavepath+'train_feature.npy',train_feature)
np.save(imagesavepath+'test_feature.npy',test_feature)
np.save(imagesavepath+'train_label.npy',train_label)
np.save(imagesavepath+'test_label.npy',test_label)
```

建立訓練資料和測試資料並儲的完整程式碼：

程式碼：**Keras_Pet_npy.py**

```
1    import os,cv2,glob
2    from sklearn.model_selection import train_test_split
3    import numpy as np
4
5    # 將原始圖片 resize 後存在 images 串列，標籤存在 labels 串列
6    images=[]
7    labels=[]
8    dict_labels = {"Cat":0, "Dog":1}
9    size = (40,40) # 由於原始資料影像大小不一，因此制定一個統一值
10   for folders in glob.glob("PetImages/*"):
11       print(folders,"圖片讀取中…")
12       # 只讀取貓、狗圖片
13       for filename in os.listdir(folders):
14           label=folders.split("\\")[-1]
15           try:
16               img=cv2.imread(os.path.join(folders,filename))
17               if img is not None:
18                   img = cv2.resize(img,dsize=size)
19                   images.append(img)
20                   labels.append(dict_labels[label])
21           except:
22               print(os.path.join(folders,filename)," 無法讀取！")
23
24   print(len(images),len(labels))  # 24946 24946
25
26   # 建立訓練資料和測試資料，包括訓練特徵集、測試特徵集、訓練標籤和測試標籤
27   train_feature,test_feature,train_label,test_label = \
28       train_test_split(images,labels,test_size=0.2,random_state=42)
29
30   train_feature=np.array(train_feature) # 串列轉為矩陣
31   test_feature=np.array(test_feature)   # 串列轉為矩陣
32   train_label=np.array(train_label)     # 串列轉為矩陣
33   test_label=np.array(test_label)       # 串列轉為矩陣
34
35   print(len(train_feature),len(test_feature))   # 19956 4990
36   print(train_feature.shape,train_label.shape)
                          # (19956, 40, 40, 3) (19956,)
37   print(test_feature.shape,test_label.shape)
                          # (4990, 40, 40, 3) (4990,)
```

```
38
39    imagesavepath='Cat_Dog_Dataset/'
40    if not os.path.exists(imagesavepath):
41        os.makedirs(imagesavepath)
42    np.save(imagesavepath+'train_feature.npy',train_feature)
43    np.save(imagesavepath+'test_feature.npy',test_feature)
44    np.save(imagesavepath+'train_label.npy',train_label)
45    np.save(imagesavepath+'test_label.npy',test_label)
46
47    print('train_feature.npy 已儲存')
48    print('test_featurel.npy 已儲存')
49    print('train_label.npy 已儲存')
50    print('test_label.npy 已儲存')
```

3.3 卷積神經網路實戰：貓狗圖片辨識

本章利用 Keras 建立 CNN 卷積神經網路模型，並以 kagglecatsanddogs 圖片資料集訓練模型、評估模型準確率，並將模存儲存，然後利用訓練的模型辨識貓狗圖片。

3.3.1 kagglecatsanddogs 圖片辨識卷積神經網路模型

kagglecatsanddogs 圖片辨識卷積神經網路模型如下圖：

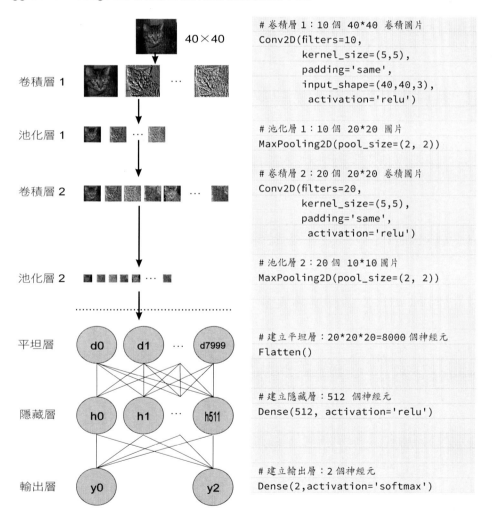

```
# 卷積層 1：10 個 40*40 卷積圖片
Conv2D(filters=10,
       kernel_size=(5,5),
       padding='same',
       input_shape=(40,40,3),
        activation='relu')


# 池化層 1：10 個 20*20 圖片
MaxPooling2D(pool_size=(2, 2))

# 卷積層 2：20 個 20*20 卷積圖片
Conv2D(filters=20,
       kernel_size=(5,5),
       padding='same',
        activation='relu')


# 池化層 2：20 個 10*10 圖片
MaxPooling2D(pool_size=(2, 2))



# 建立平坦層：20*20*20=8000 個神經元
Flatten()


# 建立隱藏層：512 個神經元
Dense(512, activation='relu')



# 建立輸出層：2 個神經元
Dense(2,activation='softmax')
```

圖中標示：40×40、卷積層 1、池化層 1、卷積層 2、池化層 2、平坦層（d0, d1, … d7999）、隱藏層（h0, h1, … h511）、輸出層（y0, y2）

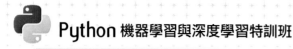

3.3.2 **卷積神經網路貓狗圖片辨識流程**

以卷積神經網路進行 kagglecatsanddogs 圖片訓練和預測的步驟如下：

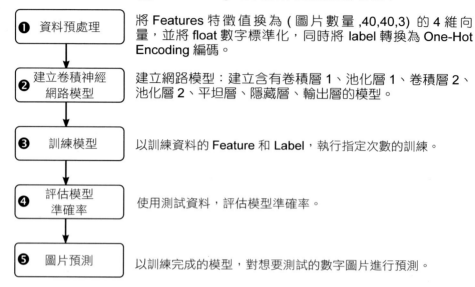

❶ 資料預處理 — 將 Features 特徵值換為 (圖片數量 ,40,40,3) 的 4 維向量，並將 float 數字標準化，同時將 label 轉換為 One-Hot Encoding 編碼。

❷ 建立卷積神經網路模型 — 建立網路模型：建立含有卷積層 1、池化層 1、卷積層 2、池化層 2、平坦層、隱藏層、輸出層的模型。

❸ 訓練模型 — 以訓練資料的 Feature 和 Label，執行指定次數的訓練。

❹ 評估模型準確率 — 使用測試資料，評估模型準確率。

❺ 圖片預測 — 以訓練完成的模型，對想要測試的數字圖片進行預測。

3.3.3 **資料預處理**

載入資料

前面的 <Keras_Pet_npy.py> 檔將訓練特徵集、測試特徵集、訓練標籤和測試標籤分別儲存成 <train_feature.npy>、<test_feature.npy>、<train_label.npy> 和 <test_label.npy> 檔，為了節省訓練時間，可以 np.load() 載入這些檔案。

```
train_feature=np.load(imagesavepath+'train_feature.npy')
test_feature=np.load(imagesavepath+'test_feature.npy')
train_label=np.load(imagesavepath+'train_label.npy')
test_label=np.load(imagesavepath+'test_label.npy')
```

Features 特徵值轉換

將 Features 特徵值轉換為 (圖片數量 ,40,40,3) 的 4 維向量，並將型別轉換為 float。

```
train_feature_vector =train_feature.reshape(len(train_feature),
                40,40,3).astype('float32')
test_feature_vector = test_feature.reshape(len( test_feature),
                40,40,3).astype('float32')
```

Features 特徵值標準化

將 0~255 的數字，除以 255 得到 0~1 之間浮點數，稱為標準化 (Normalize)，以提高模型預測的準確度。

```
train_feature_normalize = train_feature_vector/255
test_feature_normalize = test_feature_vector/255
```

label 轉換為 One-Hot Encoding 編碼

以 to_categorical 方法將訓練和測試的 label 轉換為 One-Hot Encoding 編碼。

```
train_label_onehot = np_utils.to_categorical(train_label)
test_label_onehot = np_utils.to_categorical(test_label)
```

3.3.4 建立卷積神經網路模型

本例建立一個含有兩個卷積層、兩個池化層以及一個平坦層、一個隱藏層和一個輸出層的卷積神經網路模型。

匯入相關模組

匯入 Sequential 模型後即可以 Sequential 建立模型，匯入「Conv2D,MaxPooling2D,Dropout,Flatten,Dense」即可建立卷積、池化、拋棄、平坦、隱藏和輸出層。

```
from keras.models import Sequential
from keras.layers import Conv2D,MaxPooling2D,Dropout,Flatten,Dense
```

建立 Sequential 模型

以 Sequential 建立模型。

```
model = Sequential()
```

建立卷積層 1

以 model.add(Conv2D()) 加入卷積層，將原始圖片作濾鏡特效處理。例如：加入 10 個濾鏡，濾鏡大小為 5*5，原始圖片大小 40*40 的卷積層。

```
model.add(Conv2D(filters=10,
                 kernel_size=(5,5), padding='same',
                 input_shape=(40,40,3), activation='relu'))
```

參數 filters=10 代表設定 10 個濾鏡、kernel_size=(5,5) 代表濾鏡大小為 5*5，padding:padding='same' 設定得到與原始圖片相同大小的卷積運算圖片 (即 40*40 的大小)，input_shape=(40,40,3) 設定原始圖片的大小為 40*40，activation='relu' 設定使用激活函數為 relu。

因為有 10 個濾鏡，因此會產生 10 張 40*40 的卷積運算圖片。

建立池化層 1

以 model.add(MaxPooling2D()) 加入可將卷積圖片大小縮減一半的池化層。

```
model.add(MaxPooling2D(pool_size=(2, 2)))
```

原來 10 張 80*80 的卷積運算圖片，經過 pool_size=(2, 2) 的池化處理後得到 10 張 20*20 的卷積運算圖片。

建立拋棄層

建立拋棄層 (Dropout) 防止過度擬合，拋棄比例為 10%。

```
model.add(Dropout(0.1))
```

建立卷積層 2

再加入 20 個濾鏡，濾鏡大小為 5*5，卷積運算圖片與原始圖片相同大小的的卷積層。

```
model.add(Conv2D(filters=20,
                 kernel_size=(5,5),
                 padding='same',
                 activation='relu'))
```

因為有 20 個濾鏡，因此會產生 20 張 20*20 的卷積運算圖片。

建立池化層 2

再加入可將卷積圖片大小縮減一半的池化層。

```
model.add(MaxPooling2D(pool_size=(2, 2)))
```

原來 20 張 20*20 的卷積運算圖片，經過 pool_size=(2, 2) 的池化處理後得到 20 張 10*10 的卷積運算圖片。

建立拋棄層

建立拋棄層 (Dropout) 防止過度擬合，拋棄比例為 20%。

```
model.add(Dropout(0.2))
```

建立平坦層

以 model.add(Flatten()) 加入平坦層，平坦層會將從池化層 2 得到的 20 張 10*10 的卷積運算圖片，轉換成 10*10*20=2000 的一維向量，也就是 2000 個 flloat 數字，這就是輸入神經元的數目。

```
model.add(Flatten())
```

建立隱藏層

建立含有 512 個神經元數目隱藏層，輸入層不需要設定，它會自動連結上一層的輸入層的 2000 個神經元，激活函數為 relu。

```
model.add(Dense(units=512, activation='relu'))
```

建立輸出層

建立含有 2 個神經元數目的輸出層，輸入層不需要設定，它會自動連結上一層的輸入層的 512 個神經元，激活函數為 softmax。

```
model.add(Dense(units=2,activation='softmax'))
```

3.3.5 觀察模型

可以使用 model.summary() 觀察模型。

```
Console I/A
Model: "sequential"

Layer (type)                    Output Shape              Param #
=================================================================
conv2d (Conv2D)                 (None, 40, 40, 10)        760

max_pooling2d (MaxPooling2D)    (None, 20, 20, 10)        0

dropout (Dropout)               (None, 20, 20, 10)        0

conv2d_1 (Conv2D)               (None, 20, 20, 20)        5020

max_pooling2d_1 (MaxPooling2     (None, 10, 10, 20)        0

dropout_1 (Dropout)             (None, 10, 10, 20)        0

flatten (Flatten)               (None, 2000)              0

dense (Dense)                   (None, 512)               1024512

dense_1 (Dense)                 (None, 2)                 1026
```

3.3.6 訓練模型

設定模型的訓練方式

以 compile 方法定義 Loss 損失函數、Optimizer 最佳化方法和 metrics 評估準確率的方法。

```
model.compile(loss='categorical_crossentropy',
              optimizer='adam', metrics=['accuracy'])
```

進行訓練 (Train)

fit 方法可以進行訓練，設定 (train_feature_normalize,train_label_onehot) 為訓練特徵值和標籤，訓練資料保留 20% 作驗證，因此訓練資料有 0.8 * 19,956 = 15,964 筆、驗證資料有 0.2 * 19,956 = 3,991 筆。訓練 10 次，每批次讀取 200 筆資料，顯示簡易的訓練過程。

```
train_history =model.fit(x=train_feature_normalize,
                         y=train_label_onehot,validation_split=0.2,
                         epochs=10, batch_size=200,verbose=2)
```

執行的顯示結果如下圖：

```
 Console 1/A
Non-trainable params: 0

_____
Train on 15964 samples, validate on 3992 samples
Epoch 1/10
 - 21s - loss: 0.6937 - acc: 0.5831 - val_loss: 0.6246 - val_acc: 0.6573
Epoch 2/10
 - 10s - loss: 0.6139 - acc: 0.6595 - val_loss: 0.5820 - val_acc: 0.6986
Epoch 3/10
 - 10s - loss: 0.5578 - acc: 0.7125 - val_loss: 0.5541 - val_acc: 0.7187
Epoch 8/10
 - 10s - loss: 0.3915 - acc: 0.8216 - val_loss: 0.4584 - val_acc: 0.7888
Epoch 9/10
 - 10s - loss: 0.3818 - acc: 0.8249 - val_loss: 0.4672 - val_acc: 0.7898
Epoch 10/10
 - 10s - loss: 0.3526 - acc: 0.8443 - val_loss: 0.4578 - val_acc: 0.7966
```

■ loss: 使用訓練資料，得到的損失函數誤差值 (值越小代表準確率越高)。

■ acc: 使用訓練資料，得到的評估準確率 (值在 0~1，值越大代表準確率越高)。

■ val_loss: 使用驗證資料，得到的損失函數誤差值 (值越小代表準確率越高)。

■ val_acc: 使用驗證資料，得到的評估準確率 (值在 0~1，值越大代表準確率越高)。

3.3.7 **評估準確率**

evaluate 方法，可以評估模型的損失函數誤差值和準確率，它會傳回串列，第 0 個元素為損失函數誤差值，第 1 個元素為準確率。

例如：使用測試資料評估模型的準確率。

```
scores = model.evaluate(test_feature_normalize, test_label_onehot)
print('\n 準確率 =',scores[1])
```

```
Console 1/A ⊠
準確率= 0.7867735471897469
```

3.3.8 **進行預測**

訓練好的模型，就可以用 predict_classes 方法進行預測，本例是以測試資料將其特徵值標準化後的 test_feature_normalize 作預測。

```
prediction = model.predict(test_feature_normalize)
prediction = np.argmax(prediction, axis=1)
```

顯示前 10 筆預測的結果。

```
show_images_labels_predictions(test_feature,test_label,prediction,0)
```

結果中 ai 是由程式所辨別的數字，下方是 Kaggle Cats and Dogs Dataset 資料集測試資料前 10 筆的 Label 與圖片資料，辨識的結果第 3、10 筆預測錯誤，其餘都預測正確。

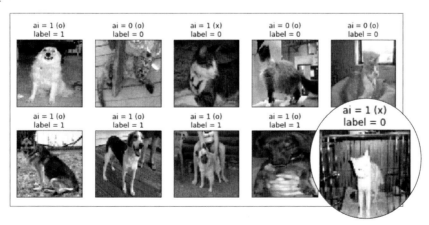

3.3.9 完整程式碼

程式碼：**Keras_Pet_CNN.py**

```python
1    import numpy as np
2    from keras.utils import np_utils
3    import matplotlib.pyplot as plt
4    from keras.models import Sequential
5    from keras.layers import Conv2D,MaxPooling2D,Dropout,Flatten,Dense
6
7    def show_images_labels_predictions(images,labels,
8                                       predictions,start_id,num=10):
9        plt.gcf().set_size_inches(12, 14)
10       if num>25: num=25
11       for i in range(0, num):
12           ax=plt.subplot(5,5, 1+i)
13           #顯示彩色圖片
14           ax.imshow(images[start_id])
15
16           # 有 AI 預測結果資料，才在標題顯示預測結果
17           if( len(predictions) > 0 ) :
18               title = 'ai = ' + str(predictions[start_id])
19               # 預測正確顯示 (o)，錯誤顯示 (x)
20               title+=('(o)' if predictions[start_id]==labels[start_id]
                            else '(x)')
21               title += '\nlabel = ' + str(labels[start_id])
22           # 沒有 AI 預測結果資料，只在標題顯示真實數值
23           else :
24               title = 'label = ' + str(labels[start_id])
25
26           # X, Y 軸不顯示刻度
27           ax.set_title(title,fontsize=12)
28           ax.set_xticks([]);ax.set_yticks([])
29           start_id+=1
30       plt.show()
31
32   imagesavepath='Cat_Dog_Dataset/'
33
34   train_feature=np.load(imagesavepath+'train_feature.npy')
35   test_feature=np.load(imagesavepath+'test_feature.npy')
36   train_label=np.load(imagesavepath+'train_label.npy')
37   test_label=np.load(imagesavepath+'test_label.npy')
38   print(" 載入 *.npy 檔 !")
```

```
39
40    # 將 Features 特徵值換為 圖片數量 *40*40*3 的 4 維矩陣
41    train_feature_vector =train_feature.reshape(
                          len(train_feature), 40, 40, 3).astype('float32')
42    test_feature_vector = test_feature.reshape(
                          len( test_feature), 40, 40, 3).astype('float32')
43
44    #Features 特徵值標準化
45    train_feature_normalize = train_feature_vector/255
46    test_feature_normalize = test_feature_vector/255
47
48    #label 轉換為 One-Hot Encoding 編碼
49    train_label_onehot = np_utils.to_categorical(train_label)
50    test_label_onehot = np_utils.to_categorical(test_label)
51
52    #建立模型
53    model = Sequential()
54    #建立卷積層 1
55    model.add(Conv2D(filters=10,
56                     kernel_size=(5,5),
57                     padding='same',
58                     input_shape=(40,40,3),
59                     activation='relu'))
60
61    #建立池化層 1
62    model.add(MaxPooling2D(pool_size=(2, 2))) #(10,20,20)
63
64    # Dropout 層防止過度擬合，斷開比例 :0.1
65    model.add(Dropout(0.1))
66
67    #建立卷積層 2
68    model.add(Conv2D( filters=20,
69                     kernel_size=(5,5),
70                     padding='same',
71                     activation='relu'))
72
73    #建立池化層 2
74    model.add(MaxPooling2D(pool_size=(2, 2))) #(20,10,10)
75
76    # Dropout 層防止過度擬合，斷開比例 :0.2
77    model.add(Dropout(0.2))
78
```

```
79      #建立平坦層：20*20*20=8000 個神經元
80      model.add(Flatten())
81
82      #建立隱藏層
83      model.add(Dense(units=512, activation='relu'))
84
85      #建立輸出層
86      model.add(Dense(units=2,activation='softmax'))
87
88      model.summary() #顯示模型
89
90      #定義訓練方式
91      model.compile(loss='categorical_crossentropy',
92                    optimizer='adam', metrics=['accuracy'])
93
94      #以 (train_feature_normalize,train_label_onehot) 資料訓練，
95      #訓練資料保留 20% 作驗證，訓練10 次、每批次讀取 200 筆資料，顯示簡易訓練過程
96      train_history=model.fit(x=train_feature_normalize,
97                        y=train_label_onehot,validation_split=0.2,
98                        epochs=10, batch_size=200,verbose=2)
99      #評估準確率
100     scores = model.evaluate(test_feature_normalize, test_label_onehot)
101     print('\n 準確率 =',scores[1])
102
103     #預測
104     prediction = model.predict(test_feature_normalize)
105     prediction = np.argmax(prediction, axis=1)
106
107     del model
108
109     #顯示圖像、預測值、真實值
110     show_images_labels_predictions(test_feature,
                                    test_label,prediction,0)
```

程式說明

- **1-5**　　匯入相關模組。

- **7-30**　　自訂函式 show_images_labels_predictions 顯示數字圖片、真實值。

- **32-38**　載入訓練資料和測試資料，包括訓練特徵集、測試特徵集、訓練標籤和測試標籤。

- 41-42　將訓練特徵值和測試特徵值轉換為 （圖片數量,40,40,3）的 4 維向量，並將型別轉換為 float。
- 45-46　將訓練特徵值標準化。
- 49-50　將真實值轉換為 One-Hot Encoding 編碼。
- 53　建立模型。
- 55-59　建立 10 個濾鏡，濾鏡大小為 5*5，原始圖片大小 40*40 的卷積層 1。
- 62　建立可將卷積運算圖片大小縮減一半的池化層 1。
- 65　建立拋棄層防止過度擬合，拋棄比例為 10%。
- 68-71　建立 20 個濾鏡，濾鏡大小為 5*5，圖片大小 20*20 的卷積層 2。
- 74　建立可將卷積層 2 運算後的圖片大小縮減一半的池化層 2。
- 77　建立拋棄層防止過度擬合，拋棄比例為 20%。
- 80　建立含有 10*10*20=2000 個輸入神經元的平坦層。
- 83　建立含有 512 個神經元數目隱藏層。
- 86　建立含有 2 個神經元數目的輸出層。
- 88　顯示模型。
- 91-92　定義 Loss 損失函數、Optimizer 最佳化方法和 metrics 評估準確率方法。
- 96-98　以 (train_feature_normalize,train_label_onehot) 為訓練特徵值和標籤，訓練資料保留 20% 作驗證，訓練 10 次，每批次讀取 200 筆資料，顯示簡易的訓練過程。
- 100-101以 test_feature_normalize 評估準確率。
- 104-105對 test_feature_normalize 作預測。
- 110　顯示圖像、預測值、真實值。

3.4 模型權重的儲存和載入

當訓練資料非常龐大時，模型的訓練方式可以採用累積的方式，縮短每次訓練的時間，只要增加訓練的次數，一樣可以達到很好的訓練效果，因為每次訓練的模型會累加。

3.4.1 模型儲存

【**範例**】建立模型權重檔 <Pet_cnn_model.weight> 將訓練完成模型累積儲存在 <Pet_cnn_model.h5> 模型檔中。(Pet_CNN_saveModel.py)

由於模型權重檔 <Pet_cnn_model.weight> 會累積訓練效果，因此執行前請先刪除由「model.save_weights("Pet_cnn_model.weight")」產生的 <checkpoint>、<Pet_cnn_model.weight.index> 和 <Pet_cnn_model.weight.data-00000-of-00001> 參個中間檔案以及 <Pet_cnn_model.h5> 模型檔，讓訓練重新開始。

本例中故意以 epochs=2 設定每次只訓練 2 次。所以第一次執行後準確率為 0.7100，有 7 張圖預測正確，3 張圖片預測錯誤。

```
準確率= 0.7100200653076172
Pet_cnn_model.h5 模型儲存完畢!
Pet_cnn_model.weight 模型參數儲存完畢!
```

因為 <Pet_cnn_model.weight> 模型權重檔會累積訓練效果，因此執行多次後 (約 6 次)，準確率已提高到 0.7659。注意：執行太多次準確率並未愈來愈高，甚至會因過渡擬合降低準確率。

訓練的程式碼和 <Keras_Pet_CNN.py> 相同，只列出載入和儲存模型的程式碼。

```
程式碼：Pet_CNN_saveModel.py
...
89      # 這些訓練會累積，準確會愈來愈高
90      try:
91          model.load_weights("Pet_cnn_model.weight")
92          print(" 載入模型參數成功，繼續訓練模型 !")
93      except :
94          print(" 載入模型失敗，開始訓練一個新模型 !")
...
```

```
112        # 儲存模型
113        model.save('Pet_cnn_model.h5')
114        print("\Pet_cnn_model.h5 模型儲存完畢！")
115        model.save_weights("Pet_cnn_model.weight")
116        print("Pet_cnn_model.weight 模型參數儲存完畢！")
117
118        del model
```

程式說明

- ■ 90-92　　載入已儲存的權重。

- ■ 113-116　　以 save 方法儲存權重和模型。

- ■ 118　　　　以 del 刪除模型。

3.4.2 載入模型

載入已訓練好的 <Pet_cnn_model.h5> 模型檔就可以進行預測。

【範例】載入 <Pet_cnn_model.h5> 模型檔，預測 test_feature_normalize，執行結果與 <Keras_Pet_CNN.py> 相同。(Pet_CNN_loadModel.py)

程式碼：Pet_CNN_loadModel.py

```
...
6    def show_images_labels_predictions(images,labels,
7                                       predictions,start_id,num=10):
...
31   imagesavepath='Cat_Dog_Dataset/'
32   try:
33       test_feature=np.load(imagesavepath+'test_feature.npy')
34       test_label=np.load(imagesavepath+'test_label.npy')
35       print(" 載入 *.npy 檔！")
36
37       # 將 Features 特徵值換為 圖片數量 *40*40*3 的 4 維矩陣
38       test_feature_vector = test_feature.reshape(len( test_feature),
             40,40,3).astype('float32')
39
40       #Features 特徵值標準化
41       test_feature_normalize = test_feature_vector/255
42
43       # 從 HDF5 檔案中載入模型
44       print(" 載入模型 Pet_cnn_model.h5")
45       model = load_model('Pet_cnn_model.h5')
```

```
46
47      # 預測
48      prediction=model.predict_classes(test_feature_normalize)
49      prediction = np.argmax(prediction, axis=1)
50
51      #顯示圖像、預測值、真實值
52      show_images_labels_predictions(test_feature,test_label,prediction,0)
53  except:
54      print(".npy 檔未建立!")
```

程式說明

- 45　　　　載入 <Pet_cnn_model.h5> 模型檔。

- 48-52　　預測 test_feature_normalize 並顯示前 10 筆預測結果。

3.4.3 預測自己下載的貓狗圖片

【範例】載入訓練完成的 <Pet_cnn_model.h5> 模型檔,預測 <imagedata> 目錄自己從網路下載的貓狗圖片。(Pet_CNN_Predict.py)

貓狗圖片檔和檔名:

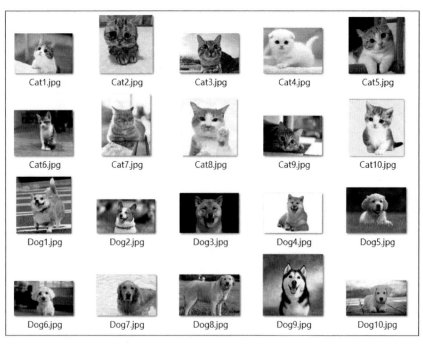

執行結果：20 張圖片中有 15 張預測正確，5 張預測錯誤。

程式碼：Pet_CNN_Predict.py

...

```
32   #建立測試特徵集、測試標籤
33   files = glob.glob("imagedata\*.jpg" )
34   test_feature=[]
35   test_label=[]
36   dict_labels = {"Cat":0, "Dog":1}
37   size = (40,40) #由於原始資料影像大小不一，因此制定一個統一值
38   for file in files:
39       img=cv2.imread(file)
40       img = cv2.resize(img, dsize=size)
41       test_feature.append(img)
42       label=file[10:13]  # "imagedata\Cat1.jpg" 第 10-12 個字元 Cat 為 label
43       test_label.append(dict_labels[label])
44
```

```
45   test_feature=np.array(test_feature)  # 串列轉為矩陣
46   test_label=np.array(test_label)       # 串列轉為矩陣
47
48   # 將 Features 特徵值換為 圖片數量 *40*40*3 的 4 維矩陣
49   test_feature_vector =test_feature.reshape(len(test_feature),
                          40,40,3).astype('float32')
50
51   #Features 特徵值標準化
52   test_feature_normalize = test_feature_vector/255
53
54   try:
55       # 從 HDF5 檔案中載入模型
56       print(" 載入模型 Pet_cnn_model.h5")
57       model = load_model('Pet_cnn_model.h5')
58
59       # 預測
60       prediction = model.predict(test_feature_normalize)
61       prediction = np.argmax(prediction, axis=1)
62
63       # 顯示圖像、預測值、真實值
64       show_images_labels_predictions(test_feature,test_label,
             prediction,0,len(test_feature))
65   except:
66       print(" 模型未建立 !")
```

程式說明

- 45-46   將串列轉為矩陣。

- 60-64   預測自己的貓狗圖片並顯示預測結果。

Chapter 04

自然語言處理利器：循環神經網路（RNN）

4.1 循環神經網路 (RNN) 基本結構

有些人工智慧處理的問題，例如語言的表達是具有順序性的，通常必須考慮前後文的關係。當朋友說他家住在「埔里鎮」，在「鎮公所上班」，就可以理解朋友是在「埔里鎮公所上班」。

循環神經網路 (Recurrent Neural Network) 簡稱 RNN，它是「自然語言處理」領域最常使用的神經網路模型，因為 RNN 前面的輸入和後面的輸入具有關連性，因此最適合如語言翻譯、情緒分析、氣象預測、股票交易等。

4.1.1 循環神經網路結構圖

循環神經網路中主要有三種模型，分別是 Simple RNN、LSTM 和 GRU。因為 Simple RNN 太簡單，效果不夠好，記不住長期的事情，所以又發展出長短期記憶網路 (LSTM)，然後 LSTM 又被簡化為閘式循環網路 (GRU)。

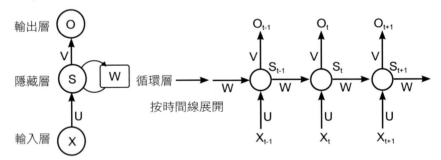

▲ RNN 時間線展開圖

如上圖共有三個時間點依序是 t-1、t、t+1，在 t 的時間點：

1. X_t 是神經網路 t 時間點的輸入，O_t 是神經網路 t 時間點的輸出。

2. (U,V,W) 都是神經網路共用的參數，W 參數是神經網路 t-1 時間點的輸出，並且也作為神經網路 t 時間點的輸入。

3. S_t 是隱藏狀態，代表神經網路上的記憶，是神經網路目前時間點的輸入 X_t 加上上個時間點的狀態 S_{t-1}，再加上 U 與 W 的參數，共同評估的結果：

$$S_t = f(U*X_t + W*S_{t-1})$$

簡單的說就是前面的狀態會影響現在的狀態，現在的狀態也會影響以後的狀態。

4.1.2 循環神經網路層 (RNN Layer)

本章範例是讀取所有匯率資料後以第 1~7 天的美元／新台幣匯率資料預測第 8 天的匯率，第 2~8 天的匯率資料預測第 9 天的匯率，餘此類推。

每一筆訓練資料是由「當天～以後 7 天」的美元／新台幣匯率資料組成，共有 7 個欄位。

訓練資料大小為 7*1，RNN 將一筆資料看成是序列化數據，每一行當作一個輸入單元，因此輸入資料大小 INPUT_SIZE =1，總共需讀取 7 次，所以步長 TIME_STEPS = 7。

建立 SimpleRNN 層

匯入 SimpleRNN 模組，即可以 add(SimpleRNN()) 加入 SimpleRNN 層，語法：

```
from keras.layers.recurrent import SimpleRNN
model.add(SimpleRNN(
    input_shape=(TIME_STEPS,INPUT_SIZE),
    units=CELL_SIZE,
    unroll= 布林值 ,
))
```

- **input_shape**：設定每一筆資料讀取次數，每次讀取多少個資料，也就是每一筆輸入資料的維度 (shape)。
- **TIME_STEPS**：總共讀取多少個時間點的數據，也稱為 input_length，以匯率訓練資料大小為 7*1 為例，如果一次讀取一行需要 7 次。
- **INPUT_SIZE**：每次每一行讀取多少個資料，也就是輸入資料的維度 (input_dim)。
- **units**：CELL_SIZE 表示隱藏層的神經元數目。
- **unroll**：True 計算時會展開結構，展開可以縮短計算時間，但它會占用更多的記憶體，False 不展開結構，它將使用符號循環，預設為 False。

例如：建立 SimpleRNN 層，每一行讀取 1 個資料 (INPUT_SIZE = 1)，每一筆資料總共需讀取 7 次 (步長 TIME_STEPS =7)，隱藏層有 256 個神經元。

```
from keras.layers.recurrent import SimpleRNN
INPUT_SIZE = 1
TIME_STEPS = 7
CELL_SIZE  = 256
model.add(SimpleRNN(
    input_shape=(TIME_STEPS,INPUT_SIZE),
    units=CELL_SIZE,
    unroll=False, # 計算時不展開結構
))
```

建立拋棄層

建立拋棄層 (Dropout) 防止過度擬合，拋棄比例為 20%。

```
model.add(Dropout(0.2))
```

建立輸出層

然後加入輸出層，輸出神經元為 1 個。

```
model.add(Dense(units=1))
```

TIME_STEPS 和 INPUT_SIZE 參數說明

參數 input_shape=(TIME_STEPS,INPUT_SIZE) 的意義較不易理解，舉範例說明如下：

假如 X 陣列含有 [X1, X2, …, X10] 共 10 組資料，每輸入一筆資料就必須輸入 10 次，這 10 次就是 TIME_STEPS，即 TIME_STEPS=10，也可以 input_length=10 表示。簡單的說就是用 [Xn-9, … , Xn-1, Xn] 預測 Xn+1 的值。

資料中假設 X1=[1,2,3]、X2=[4,5,6] …，也就是說 X 陣列元素每筆資料的長度是 3，這時 INPUT_SIZE 就是 3，即 INPUT_SIZE=3，也可以 input_dim=3 表示。

因此 X 陣列 (矩陣) 的 input_shape = (10,3)。

簡單的判別方法，假設訓練資料每一筆的維度為 (m,n)，則 input_shape=(m,n)，例如：設定 train 每筆資料的維度為 (10,1)。

```
train = train.reshape(len(train),10,1)
```

則必須設定 input_shape=(10,1)。

4.2 認識外幣匯率查詢資料集

臺灣期貨交易所搜集所有外幣匯率查詢的資料，可以依照自己設定的日期下載資料，再將資料分成訓練資料和測試資料，就可以透過機器學習建立模型、訓練和預測。

4.2.1 下載外幣匯率查詢資料集

本章範例將利用外幣匯率查詢資料集進行機器學習與深度學習，也可以依實際需求設定下載的日期，控制想要的資料量範圍和大小。

下載外幣匯率查詢資料集

連結「https://www.taifex.com.tw/cht/3/dailyFXRate」網址，選擇 **交易資訊 / 每日外幣參考匯率查詢**，在 **日期 (起)** 輸入「2010/01/01」、**日期 (迄)** 輸入「2020/10/07」再按 **檔案下載** 鈕即可下載 <8514FC84-4B9F-4D68-9429-AD7BA297AFF8.csv> 檔，裡面包含從 2010/01/01~2020/10/07 的外幣匯率資訊。

開啟外幣匯率查詢檔案

外幣匯率查詢檔案總共有 **2650** 筆，依照日期由小到大排序，有各種幣值的匯率兌換，
本章的範例中使用的是美元對新台幣的兌換。

4.2.2 繪製外幣匯率趨勢圖

首先讀取「美元／新台幣」的匯率，再透過圖表了解歷年來美元／新台幣的變化。

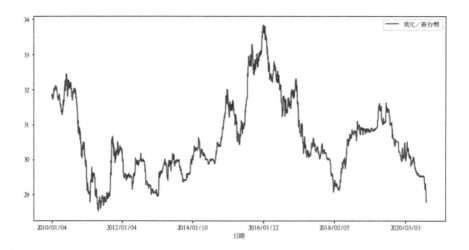

程式碼：Rate_Plot.py

```
1    import pandas as pd
2    import matplotlib.pyplot as plt
3    plt.rcParams["font.sans-serif"] = "mingliu"   #繪圖中文字型
4    plt.rcParams["axes.unicode_minus"] = False
5
6    filename = '8514FC84-4B9F-4D68-9429-AD7BA297AFF8.csv'
         #2010/01/01~2020/10/07
7    df = pd.read_csv(filename, encoding='big5') # 以 pandas 讀取檔案
8    df.plot(kind='line',figsize=(12,6),x=' 日期 ',y=[' 美元／新台幣 '])
```

程式說明

- 1-2　　匯入相關模組。

- 3-4　　設定 matplotlib 顯示中文。

- 6-7　　讀取資料。

- 8　　　以日期為 x 軸，美元／新台幣匯率為 y 軸繪製圖表。

4.3 循環神經網路外幣匯率預測

本章利用 Keras 建立 RNN 循環神經網路模型，並以外幣匯率資料集訓練模型，並將
模型儲存，然後利用訓練的模型預測外幣匯率。

4.3.1 外幣匯率預測循環神經網路模型

外幣匯率預測循環神經網路模型如下圖：

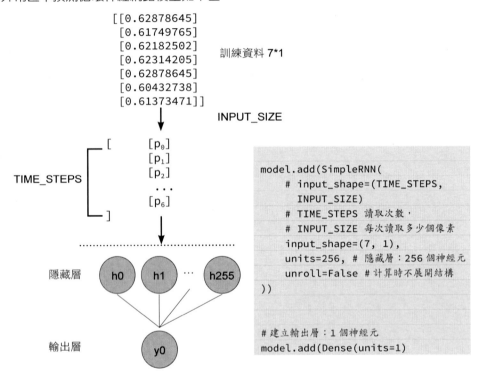

4.3.2 **循環神經網路外幣匯率預測流程**

以循環神經網路進行外幣匯率訓練和預測的步驟如下：

❶ 資料預處理　　將 Features 特徵值換為 (2114, 7, 1) 的 3 維矩陣，並將數據縮放為 0~1 之間。

❷ 建立循環神經網路模型　　建立含有輸入、隱藏、輸出層的模型。

❸ 訓練模型　　以訓練資料的特徵和標籤，執行指定次數的訓練。

❹ 匯率預測　　以訓練完成的模型，對想要測試的匯率資料進行預測。

❺ 繪製圖表　　以 matplotlib 繪製圖表，顯示預測和真實匯率。

4.3.3 **資料預處理**

載入資料

以 Pandas 的 DataFrame 即可讀取指定欄位 「美元／新台幣」 的匯率資料。如下：

```
filename = '8514FC84-4B9F-4D68-9429-AD7BA297AFF8.csv'
    #2010/01/01~2020/10/07
df = pd.read_csv(filename, encoding='big5') # 以 pandas 讀取檔案
USD=pd.DataFrame(df[' 美元／新台幣 '])
```

Features 特徵值轉換

原來的資料格式是 DataFrame 型別，必須轉換為 np.array() 的格式，並轉換為浮點型別才能進行訓練。

```
data_all = np.array(USD).astype(float)     # 轉為浮點型別矩陣
```

Features 特徵值標準化

利用 MinMaxScaler 物件的 fit_transform() 方法，將將數據縮放為 0~1。

```
scaler = MinMaxScaler() # 建立 MinMaxScaler 物件
data_all = scaler.fit_transform(data_all)  # 將數據縮放為 0~1 之間
```

建立二維的 data 串列

本範例是以第 1~7 天的匯率資料預測第 8 天的匯率、第 2~8 天的匯率資料預測第 9 天的匯率,餘此類推,因此必須將原來的資料重新讀取後再作分配。

建立二維的 data 串列,每一筆 data 資料是由「當天~以後 7 天」的美元/新台幣匯率資料組成,共有 8 個欄位。資料構架如下:

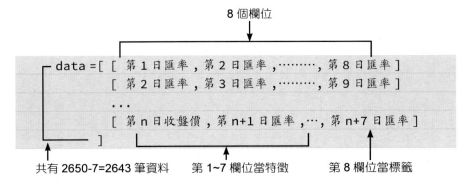

```
TIME_STEPS=7 #讀取後面 7 天的資料
data = []
# data 資料共有 (2650-7)=2643 筆
for i in range(len(data_all) - TIME_STEPS):
    # 每筆 data 資料有 8 欄
    data.append(data_all[i: i + TIME_STEPS + 1]) )
```

建立特徵和標籤

將 data 串列轉換浮點數的矩陣後,第 1~7 的欄位當作特徵,最後 1 個欄位 (第 8 欄位) 當作標籤。

```
reshaped_data = np.array(data).astype('float64')
x = reshaped_data[:, :-1] # 第 1 至第 7 個欄位為特徵
y = reshaped_data[:, -1]  # 第 8 個欄位為標籤
```

建立訓練資料和測試資料

以 split 設定將前面 80% 的資料當作訓練資料,後面 20% 的資料當作測試資料,兩者資料筆數分別是 2114 和 529。可以使用 shape 屬性查看其維度:

```
split=0.8
split_boundary = int(reshaped_data.shape[0] * split)
train_x = x[: split_boundary] #前80%為train的特徵
test_x = x[split_boundary:]    #最後20%為test的特徵
train_y = y[: split_boundary] #前80%為train的label
test_y = y[split_boundary:]    #最後20%為test的label
```

shape 分別為 (2114, 7, 1) (2114, 1) 及 (529, 7, 1) (529, 1)，表示有訓練資料有 2114 筆 7*1 的資料和 2114 個標籤，測試資料有 529 筆 7*1 的資料和 529 個標籤。示意如下：

訓練資料 2114 筆

尺寸 7×1

train_x	1	2		n-7
	2	3		n-6
	3	4		n-5
	4	5	......	n-4
	5	6		n-3
	6	7		n-2
	7	8		n-1
train_y	8	9	......	n

4.3.4 建立循環神經網路模型

本例中建立一個含有一個輸入層、一個隱藏層、一個拋棄層和一個輸出層的循環神經網路模型。

匯入相關模組

匯入 Sequential 模組後即可建立模型，匯入「SimpleRNN,Dropout,Dense」後即可建立 Simple RNN 層、拋棄層、隱藏層和輸出層。

```
from keras.models import Sequential
from keras.layers import SimpleRNN,Dropout,Dense
```

建立 Sequential 模型

以 Sequential 建立模型。

```
model = Sequential()
```

建立 Simple RNN 層

本例因為匯率訓練資料大小為 7*1，因此建立 Simple RNN 層，每一行必須讀取 1 個資料 (INPUT_SIZE = 1)，每一筆資料總共需讀取 7 次 (步長 TIME_STEPS = 7)，同時設定隱藏層有 256 個神經元。

```
TIME_STEPS=7
INPUT_SIZE=1
model.add(SimpleRNN(input_shape=(TIME_STEPS,INPUT_SIZE),
          units=256,
          unroll=False))
```

建立拋棄層

建立拋棄層 (Dropout) 防止過度擬合，拋棄比例為 20%。

```
model.add(Dropout(0.2))
```

建立輸出層

最後加入輸出層，輸出神經元為 1 個。

```
model.add(Dense(units=1))
```

4.3.5 訓練模型

設定模型的訓練方式

以 compile 方法定義 Loss 損失函數、Optimizer 最佳化方法和 metrics 評估準確率。

```
model.compile(loss="mse", optimizer="adam", metrics=['accuracy'])
```

進行訓練 (Train)

fit 方法可以進行訓練，設定 (train_x,train_y) 為訓練特徵值和標籤，訓練資料保留 10% 作驗證，因此訓練資料有 0.9 * 2114 = 1903 筆、驗證資料有 0.1* 2114 = 213 筆。訓練 100 數，每批次讀取 200 筆資料，顯示簡易的訓練過程。

```
model.fit(train_x, train_y, batch_size=200, epochs=100,
          validation_split=0.1,verbose=2)
```

執行的顯示結果如下圖：

```
Epoch 95/100
10/10 - 0s - loss: 6.8606e-04 - accuracy: 0.0011
- val_loss:1.8812e-04 - val_accuracy: 0.0000e+00
...
Epoch 100/100
10/10 - 0s - loss: 7.2308e-04 - accuracy: 0.0011
- val_loss: 1.9069e-04 - val_accuracy: 0.0000e+00
17/17 [==============================] - 0s 5ms/
step - loss: 2.1633e-04 - accuracy: 0.0000e+00
```

進行預測

訓練好的模型，就可以用 predict 方法進行預測，本例是以測試資料將其特徵值數據
縮放為 0~1 之間的 test_x 作預測。

```
predict = model.predict(test_x)
```

predict 和 predict_classes 稍有差異，predict_classes 傳回的預測值是該分類的類別
索引，而 predict 傳回的是預測的數值。

顯示前 10 筆預測的結果。

```
print(predict[0:10])
```

傳回的是介於 0~1 間的浮點數。

```
[[0.39304742] [0.39139864] [0.39208746] [0.3998879 ] [0.41783792]
 [0.42875895] [0.4317424 ] [0.43548986] [0.43065426] [0.42193016]]
```

資料還原

將已轉換為 0~1 的 predict 和 test_y 資料，利用前面建立的 MinMaxScaler 物件還原，
predict 在還原前必須先轉換為 1 維矩陣，然後再逐一讀取至 predict_y 陣列。從顯示
的 10 筆資料可以看出匯率大概在 30 左右。

```
predict = np.reshape(predict, (predict.size, )) # 轉換為 1 維矩陣
predict_y = scaler.inverse_transform([[i] for i in predict]) # 數據還原
test_y = scaler.inverse_transform(test_y)   # 數據還原
print(predict_y[0:10])
print(test_y[0:10])
```

前 10 筆匯率預測的結果如下：

```
[[30.60731772][30.60127415][30.5993591 ][30.64640054]
 [30.746003   ][30.79982044][30.81737948][30.84002536]
 [30.80495147][30.76005714]]
```

前 10 筆真實匯率：

```
[[30.616][30.626][30.708][30.812][30.807]
 [30.858][30.845][30.802][30.76 ][30.73 ]]
```

繪製圖表

透過圖表較容易呈現預測和真實匯率的比較。

```
plt.plot(predict_y, 'b:')  #預測
plt.plot(test_y, 'r-')     #美金匯率
plt.legend(['預測', '美金匯率'])
plt.show()
```

顯示最近 529 筆匯率圖，其中虛線是預測匯率，實線是真實匯率。

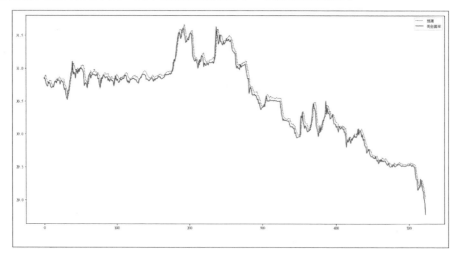

4.3.6 **完整程式碼**

程式碼：Keras_Rate_RNN.py

```python
1   import pandas as pd
2   import numpy as np
3   import matplotlib.pyplot as plt
4   from sklearn.preprocessing import MinMaxScaler
5   from keras.models import Sequential
6   from keras.layers import SimpleRNN,Dropout,Dense
7   plt.rcParams["font.sans-serif"] = "mingliu"   #繪圖中文字型
8   plt.rcParams["axes.unicode_minus"] = False
9   pd.options.mode.chained_assignment = None   # 取消顯示 pandas 資料重設警告
10
11  filename = '8514FC84-4B9F-4D68-9429-AD7BA297AFF8.csv'
        #2010/01/01~2020/10/07
12  df = pd.read_csv(filename, encoding='big5') #以 pandas 讀取檔案
13  USD=pd.DataFrame(df[' 美元／新台幣 '])
14  data_all = np.array(USD).astype(float)      # 轉為浮點型別矩陣
15  # print(data_all.shape) # (2650, 1)
16
17  scaler = MinMaxScaler() # 建立 MinMaxScaler 物件
18  data_all = scaler.fit_transform(data_all)   # 將數據縮放為 0~1 之間
19
20  TIME_STEPS=7 #讀取後面 7 天的資料
21  data = []
22  # data 資料共有 (2650-7)=2643 筆
23  for i in range(len(data_all) - TIME_STEPS):
24      # 每筆 data 資料有 8 欄
25      data.append(data_all[i: i + TIME_STEPS + 1])
26
27  reshaped_data = np.array(data).astype('float64')
28  x = reshaped_data[:, :-1] # 第 1 至第 7 個欄位為 特徵
29  y = reshaped_data[:, -1]   # 第 8 個欄位為 標籤
30  # print(x.shape,y.shape) # (2643, 7, 1) (2643, 1)
31
32  split=0.8
33  split_boundary = int(reshaped_data.shape[0] * split)
34  train_x = x[: split_boundary] # 前 80% 為 train 的特徵
35  test_x = x[split_boundary:]    # 最後 20% 為 test 的特徵
36
37  train_y = y[: split_boundary] # 前 80% 為 train 的 label
38  test_y = y[split_boundary:]    # 最後 20% 為 test 的 label
```

```
39
40   # train_x 共 2643*0.8=2114 筆 , test_x 共 2643*0.2=529 筆
41   # print(train_x.shape,train_y.shape) # (2114, 7, 1) (2114, 1)
42   # print(test_x.shape,test_y.shape)    # (529, 7, 1) (529, 1)
43
44   # 建立 SimpleRNN 模型
45   model = Sequential()
46   # 隱藏層：256 個神經元，input_shape：(7,1)
47   INPUT_SIZE=1
48   model.add(SimpleRNN(input_shape=(TIME_STEPS,INPUT_SIZE),
         units=256,unroll=False))
49   model.add(Dropout(0.2))    # 建立拋棄層，拋棄比例為 20%
50   model.add(Dense(units=1)) # 輸出層：1 個神經元
51   # model.summary() # 顯示模型
52
53   # 定義訓練方式
54   model.compile(loss="mse", optimizer="adam", metrics=['accuracy'])
55
56   # 訓練資料保留 10% 作驗證，訓練 100 次、每批次讀取 200 筆資料，顯示簡易訓練過程
57   model.fit(train_x, train_y, batch_size=200, epochs=100,
         validation_split=0.1,verbose=2)
58
59   # 以 predict 方法預測，返回值是數值
60   predict = model.predict(test_x)
61   # print(predict[0:10])
62   predict = np.reshape(predict, (predict.size, )) # 轉換為 1 維矩陣
63   predict_y = scaler.inverse_transform([[i] for i in predict]) # 數據還原
64   test_y = scaler.inverse_transform(test_y)   # 數據還原
65   # print(predict_y[0:10])
66   # print(test_y[0:10])
67
68   # 以 matplotlib 繪圖
69   plt.plot(predict_y, 'b:') # 預測
70   plt.plot(test_y, 'r-')   # 美金匯率
71   plt.legend(['預測', '美金匯率'])
72   plt.show()
```

程式說明

- **1-9**　　匯入相關模組、設定繪圖中文字型和取消顯示 pandas 資料重設警告。

- **11-14**　讀取「美元／新台幣」的匯率資料並轉為浮點型別矩陣存入 data_
　　　　　all 陣列中。

- 17-18 建立 MinMaxScaler 物件將數據縮放為 0~1 之間。

- 20-25 建立二維的 data 串列，每一筆 data 資料是由「當天～以後 7 天」的美元／新台幣匯率資料組成，共有 8 個欄位。

- 27-29 建立特徵集 x 和標籤集 y。

- 32-38 以 80%、20% 比例建立訓練資料和測試資料，包括訓練特徵集、訓練標籤和測試特徵集、測試標籤。

- 45-50 建立一個 SimpleRNN 層，每一行讀取 1 個資料，每一筆資料讀取 7 次，一個含有 256 個神經元數目的隱藏層，計算時不展開結構節省訓練時間。

- 49 建立拋棄層防止過度擬合，拋棄比例為 20%。

- 50 建立一個含有 1 個神經元數目的輸出層。

- 54 定義 Loss 損失函數、Optimizer 最佳化方法和 metrics 評估準確率方法。

- 57 以 (train_x, train_y) 為訓練特徵值和標籤，訓練資料保留 10% 作驗證，訓練 100 數，每批次讀取 200 筆資料，顯示簡易的訓練過程。

- 60 對 test_x 作預測。

- 62-64 將已轉換為 0~1 的 predict 和 test_y 資料還原。

- 69-72 以圖表顯示預測匯率、真實匯率。

4.4 模型權重的儲存和載入

當訓練資料非常龐大時,模型的訓練方式可以採用累積的方式,縮短每次訓練的時間,只要增加訓練的次數,一樣可以達到很好的訓練效果,因為每次訓練的模型會累加。

4.4.1 模型儲存

【**範例**】建立模型權重檔 <Mnist_Rnn_model.weight> 將訓練完成模型累積儲存在 <Mnist_Rnn_model.h5> 模型檔中。(Mnist_RNN_saveModel.py)

由於模型權重檔 <Mnist_Rnn_model.weight> 會累積訓練效果,因此執行前請先刪除 <Mnist_Rnn_model.weight> 模型權重檔和 <Mnist_Rnn_model.h5> 模型檔,讓訓練重新開始。

```
Console 1/A

Mnist_Rnn_model.h5 模型儲存完畢!
模型參數儲存完畢!
```

訓練的程式碼和 <Keras_Rate_RNN.py> 相同,只列出儲存模型的程式碼。

```
程式碼:Mnist_RNN_saveModel.py
...
44  try:
45      model.load_weights("Mnist_Rnn_model.weight")
46      print(" 載入模型參數成功,繼續訓練模型 !")
47  except :
48      print(" 載入模型失敗,開始訓練一個新模型 !")
...
54  model.fit(train_x, train_y, batch_size=200, epochs=100,
        validation_split=0.1,verbose=2)
55
56  # 將模型儲存至 HDF5 檔案中
57  model.save('Mnist_Rnn_model.h5')
58  print("Mnist_Rnn_model.h5 模型儲存完畢 !")
59  model.save_weights("Mnist_Rnn_model.weight")
60  print(" 模型參數儲存完畢 !")
61
62  del model
```

程式說明

■ 57-60　　以 save 方法儲存權重和模型。

■ 62　　　以 del 刪除模型。

4.4.2 載入模型

載入已訓練好的 <Mnist_Rnn_model.h5> 模型檔就可以進行預測。

【**範例**】<2020-0901_1010.csv> 是從臺灣期貨交易所下載的最近匯率檔案資料，包含自 2020/09/01~2020/10/10 的匯率資料，載入訓練完成的 <Mnist_Rnn_model.h5> 模型檔，預測最近美金的匯率。(Mnist_RNN_loadModel.py)

執行結果：

顯示最近 18 筆匯率圖，其中藍色虛線是預測匯率，紅色是實線真實匯率，顯示結果預測匯率稍微高於真實匯率。

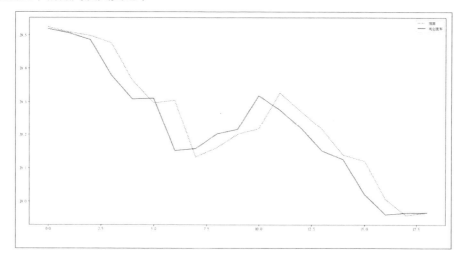

程式碼：Mnist_RNN_loadModel.py

```
...
9    filename = '2020-0901_1010.csv' #2020/09/01~2020/10/10
10   df = pd.read_csv(filename, encoding='big5') # 以 pandas 讀取檔案
11   USD=pd.DataFrame(df['美元/新台幣'])
12   data_all = np.array(USD).astype(float)     # 轉為浮點型別矩陣
13
14   scaler = MinMaxScaler() # 建立 MinMaxScaler 物件
```

```
15    data_all = scaler.fit_transform(data_all)  # 將數據縮放為 0~1 之間
16
17    TIME_STEPS=7 #讀取後面 7 天的資料
18    data = []
19    for i in range(len(data_all) - TIME_STEPS):
20        # 每筆 data 資料有 8 欄
21        data.append(data_all[i: i + TIME_STEPS + 1])
22
23    reshaped_data = np.array(data).astype('float64')
24    test_x = reshaped_data[:, :-1] # 第 1 至第 7 個欄位為 特徵
25    test_y = reshaped_data[:, -1]  # 第 8 個欄位為 標籤
26
27    # 從 HDF5 檔案中載入模型
28    print(" 載入模型 Mnist_Rnn_model.h5")
29    model = load_model('Mnist_Rnn_model.h5')
30
31    # 以 predict 方法預測，返回值是數值
32    predict = model.predict(test_x)
33    predict = np.reshape(predict, (predict.size, )) #轉換為 1 維矩陣
34    predict_y = scaler.inverse_transform([[i] for i in predict]) # 數據還原
35    test_y = scaler.inverse_transform(test_y)   # 數據還原
36
37    # 以 matplotlib 繪圖
38    plt.plot(predict_y, 'b:') #預測
39    plt.plot(test_y, 'r-')    # 美金匯率
40    plt.legend([' 預測 ', ' 美金匯率 '])
41    plt.show()
```

程式說明

■ 29　　　載入 <Mnist_Rnn_model.h5> 模型檔。

■ 32　　　預測最近的美金匯率。

■ 33-35　　將數據還原。

■ 38-41　　繪製圖表。

4.5 長短期記憶 (LSTM)

由於 Simple RNN 記憶效果不夠好，記不住長期的事情，所以又發展出長短期記憶網路 (LSTM) 循環神經網路。

LSTM (Long Short Term Memory) 是一種特殊的循環神經網路，它的記憶能力比 Simple RNN 要出色許多。

4.5.1 建立 LSTM 循環神經網路

本例的 LSTM 循環神經網路，每一行必須讀取 1 個資料 (INPUT_SIZE = 1)，每一筆資料總共需讀取 7 次 (步長 TIME_STEPS = 7)，同時設定隱藏層有 256 個神經元。

匯入 LSTM 模組，即可以 add(LSTM()) 加入 LSTM 循環神經網路，語法：

```
from keras.layers.recurrent import LSTM
model.add(LSTM(
    input_shape=(TIME_STEPS, INPUT_SIZE),
    units=CELL_SIZE,
    unroll= 布林值 ,
))
```

參數說明和 Simple RNN 相同。

例如：建立 LSTM 層，每一行讀取 1 個資料 (INPUT_SIZE = 1)，每一筆資料總共需讀取 7 次 (步長 TIME_STEPS = 7)，隱藏層有 256 個神經元。

```
model.add(LSTM(
    input_shape=(7, 1),
    units=256,
    unroll=False
))
```

【範例】建立 LSTM 循環神經網路，進行美金匯率的訓練和預測。(Keras_Rate_LSTM.py)

執行結果：

顯示最近 529 筆匯率圖，其中藍色是預測匯率，紅色是真實匯率。

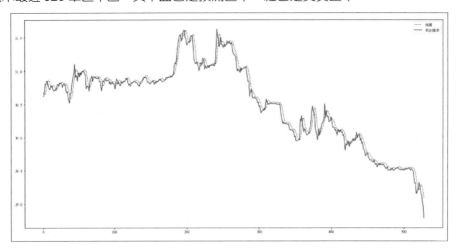

程式碼：Keras_Rate_LSTM.py

```
...
6      from keras.layers import LSTM,Dropout,Dense
7~37 略
38   # 建立 LSTM 模型
39   model = Sequential()
40   # 隱藏層：256 個神經元，input_shape：(7,1)
41   INPUT_SIZE=1
42   model.add(LSTM(input_shape=(TIME_STEPS,INPUT_SIZE),units=256,
        unroll=False))
43   model.add(Dropout(0.2))     #建立拋棄層，拋棄比例為 20%
44   model.add(Dense(units=1))   #輸出層：1 個神經元
45~63 略
```

程式說明

- **41-42**   建立一個 LSTM 循環神經網路，每一行讀取 1 個資料，每一筆資料讀取 7 次，一個含有 256 個神經元數目的隱藏層，計算時不要展開結構。

- **43**   建立拋棄層防止過度擬合，拋棄比例為 20%。

- **44**   建立含有 1 個神經元數目的輸出層。

4.5.2 以 LSTM 訓練模型檔預測匯率

請先執行 <Mnist_LSTM_saveModel.py> 檔，執行後會產生 <Mnist_Lstm_model. h5> 模型檔，然後以 <Mnist_LSTM_loadModel.py> 載入訓練好的 <Mnist_Lstm_ model.h5> 模型檔。

【範例】載入 <Mnist_Lstm_model.h5> 模型檔，預測 <2020-0901_1010.csv> 檔案中 2020/09/01~2020/10/10 最近的美金匯率。(Mnist_LSTM_loadModel.py)

執行結果：

顯示最近 18 筆匯率圖，其中藍色虛線是預測匯率，紅色實線是真實匯率，顯示結果預測匯率稍微高於真實匯率。

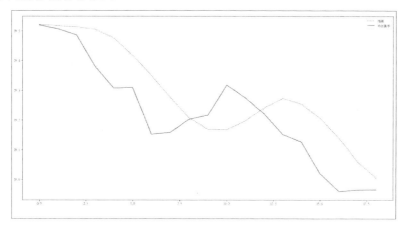

程式碼：請自行參考 <Mnist_LSTM_loadModel.py>。

CNN 和 RNN 的比較

理論上，CNN 在圖片辨別上效果最佳，而 RNN 則在語言訓練、情緒分析等表現較為出色。本章範例訓練資料採用容易取得且資料量不大的匯率資料，主要是將重點先放在 RNN 模型的建立，並對 Simple RNN、LSTM 訓練有個初步的概念。

但因為 matplotlib 繪圖的圖表不能局部放大，無法局部觀察。第 10 章股票預測，會再以股票交易資料，採用 RNN 作訓練和預測，但在圖表上將會採用 plotly 繪製方便局部放大來觀察詳細的股票資訊。

Memo

機器學習雲端開發工具：
Google Colab

5.1 Colab：功能強大的虛擬機器

Colaboratory 簡稱 Colab，是 Google 的一個研究專案，提供一個在雲端運行的編輯執行環境，由 Google 提供開發者虛擬機器，並支援 Python 程式及機器學習 TensorFlow 演算法。Colab 只需要瀏覽器就可以運作，完全免費。

5.1.1 Colab 介紹

Colab 主要目的是想要幫助機器學習和教育的推廣。不需下載、不需安裝就可直接使用 Python 2.x 與 Python 3.x 系統，對初學者來說可以快速入門，不需耗時間在環境設定上。

Colab 提供一個 Jupyter Notebook 服務的雲端環境，無需額外設定就可以使用，而且現在還提供免費的 GPU。Colab 預設安裝了一些做機器學習常用的模組，像是 TensorFlow、scikit-learn、pandas 等，讓你可以直接使用！

在 Colab 中撰寫的程式碼預設是儲存在使用者的 Google Drive 雲端硬碟中，執行時由虛擬機器提供強大的運算能力，不會用到本機的資源。

Colab 虛擬機器屬於 Linux 系統，除了以 Python 撰寫程式外，也常會使用 Linux 命令進行系統基本操作。

使用 Colab 的限制是：若閒置一段時間後，虛擬機器會被停止並回收運算資源，此時只需再重新連接即可。但重新連接時 Colab 會新開一個虛擬機器，因此原先存於 Colab 的資料將會消失不見，此點需特別注意，避免訓練許久的成果付諸流水。

5.1.2 Colab 建立記事本

登入 Colab

開啟「https://colab.research.google.com/notebooks/welcome.ipynb#recent=true」網頁。第一次會要你輸入 Google 帳號進行登入，登入後就可以進入記事本管理頁面，頁面會列出所有記事本。

新建記事本

Colab 檔案是以「記事本」方式儲存。在記事本管理頁面按右下角 **新增記事本** 就可新增一個記事本檔案，記事本名稱預設為 **Untitled0.ipynb**：

Colab 編輯環境是一個線上版的 Jupyter Notebook，操作方式與單機版 Jupyter Notebook 大同小異。點按 **Untitled0** 可修改記事本名稱，例如此處改為「firstlab.ipynb」。

Python 機器學習與深度學習特訓班

Colab 預設檔案儲存位置

Colab 檔案可存於 Google drive 雲端硬碟,也可存於 Github。預設是存於登入者 Google drive 雲端硬碟的 <Colab Notebooks> 資料夾中。

開啟 Google drive 雲端硬碟,系統已經自動建立 <Colab Notebooks> 資料夾。

點選左方 **Colab Notebooks**,就可見到剛建立的「firstlab.ipynb」記事本。

5.1.3 Jupyter Notebook 基本操作

Colab 所有運作都在 Jupyter Notebook 中操作,使用者最好熟悉 Jupyter Notebook 各項基本操作技巧。

使用 GPU 模式

Colab 最為人稱道的就是提供 GPU 執行模式,可大幅減少機器學習程式運行時間。新建記事本時,預設並未開啟 GPU 模式,可依下面操作變更為 GPU 模式:執行 **編輯 / 筆記本設定**。

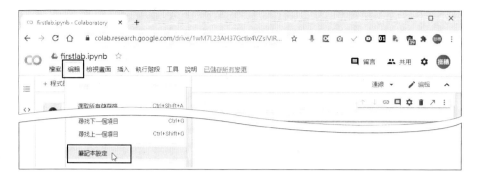

在 **硬體加速器** 欄位的下拉式選單點選 **GPU**，然後按 **儲存**。

連接虛擬機器

開啟 Jupyter Notebook 時，預設沒有連接虛擬機器。按 **連線** 鈕連接虛擬機器。

有時虛擬機器執行一段時間後其內容變得十分混亂，使用者希望重開啟全新的虛擬機器進行測試。按 **RAM** 右方下拉式選單，再點選 **管理工作階段**。

Python 機器學習與深度學習特訓班

於 **執行中的工作階段** 對話方塊按 **終止** 鈕，再按一次 **終止** 鈕，就會關閉執行中的虛擬機器。

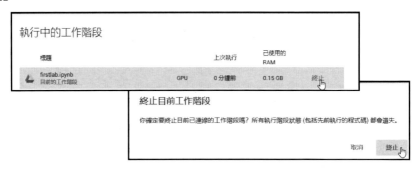

此時 **連線** 鈕變為 **重新連線** 鈕，按 **重新連線** 鈕就會連接新的虛擬機器。

檔案總管

虛擬機器提供檔案總管功能讓使用者可查看檔案結構：點選左方 📁 圖示就會顯示檔案結構。

程式儲存格及文字儲存格

建立記事本時會自動產生一個程式儲存格，使用者可在程式儲存格中撰寫程式，按程式儲存格左方的 ⏵ 圖示就會執行程式，並將執行結果顯示於下方。按執行結果區左方的 ⏺ 圖示會清除執行結果。

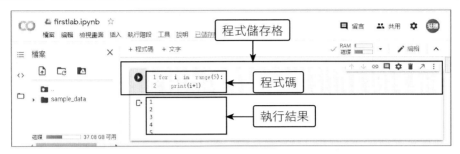

按 + Code 鈕會在原來儲存格下方新增一個程式儲存格，按 + Text 鈕會在原來儲存格下方新增一個文字儲存格，文字儲存格的用途是讓使用者輸入文字做為說明。文字儲存格使用 markdown 語法建立文字內容，可在右方看到呈現的文字預覽，系統並提供簡易 markdown 工具列，讓使用者快速建立 markdown 文字。編輯完按 ✕ 圖示就完成文字儲存格編輯，若要修改文字儲存格內容就按 ✐ 圖示進行編輯。

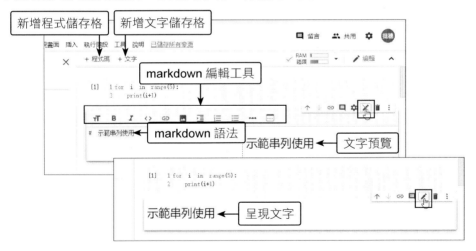

5.1.4 Colab 連接 Google Drive 雲端硬碟

由於 Colab 檔案存於 Google Drive 雲端硬碟，必須先將程式中需要使用的檔案上傳到 Google Drive 雲端硬碟。

上傳檔案到 Google Drive 雲端硬碟

在 Google Drive 雲端硬碟中切換到 <Colab Notebooks> 資料夾，按左上方 **新增** 鈕，再點選 **檔案上傳**，於 **開啟** 對話方塊選擇要上傳的檔案就可將該檔案上傳到雲端硬碟的 <Colab Notebooks> 資料夾。例如上傳本章範例 <ATM00625_20200513155248. csv> 檔。

<ATM00625_20200513155248.csv> 檔是全台 PM2.5 測站的檢測資料。上傳後可在 Google Drive 雲端硬碟看到該檔案。

以原始格式上傳

上傳檔案到 Google Drive 雲端硬碟時，需確保是以原始格式上傳，否則在 Colab 使用該檔案時會產生錯誤。按右上角 ⚙ 圖示，點選 **設定** 項目，於 **設定** 對話方塊取消核選 **將已上傳的檔案轉換為 Google 文件編輯器格式** 項目。

Colab 連接 Google Drive 雲端硬碟

Colab 要使用 Google Drive 雲端硬碟的檔案，首先要讓 Colab 連接上 Google Drive 雲端硬碟：點按 Colab 左方資料夾管理 🗀 鈕，再按 **掛接雲端硬碟** 📁 圖示。

按 **連線至 Google 雲端硬碟** 鈕。

選取登入 Colab 的 Google 帳號。

按頁面最下方的 **允許** 鈕。

左上方圖示變成  就表示連接完成，左方新增 **drive / My Drive** 就是 Google Drive 雲端硬碟，右方自動新增了兩列程式碼就是連接 Google Drive 雲端硬碟的程式碼。

這個驗證帳號的程序只需執行一次，以後連接虛擬機器時就會自動連接 Google Drive 雲端硬碟了！

Colab 使用 Google Drive 雲端硬碟檔案

Google Drive 雲端硬碟檔案位於：

```
/content/drive/My Drive/Colab Notebooks/ 檔案名稱
```

例如前面上傳的檔案為：

```
/content/drive/My Drive/Colab Notebooks/ATM00625_20200513155248.csv
```

下面程式碼是在 Colab 中讀取上傳的 CSV 檔並顯示檔案內容：

```python
import pandas as pd
data = pd.read_csv("/content/drive/My Drive/Colab Notebooks/
    ATM00625_20200513155248.csv")
print(data)
```

執行結果：

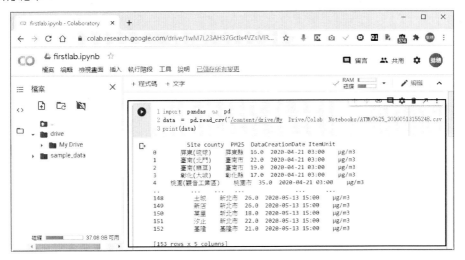

5.1.5 執行 Linux 命令

Colab 允許使用者執行 Linux 命令或命令視窗指令,語法為:

```
!Linux 命令或命令視窗指令
```

執行命令視窗指令

最常使用的命令視窗指令就是「pip3」,用於安裝模組,例如安裝下載 Youtube 影片的 pytube 模組的命令為:

```
!pip3 install pytube3
```

下圖為執行「!pip3 list」的結果,功能是查看系統中已安裝的模組,可見到 Colab 已預先安裝了非常多常用模組:

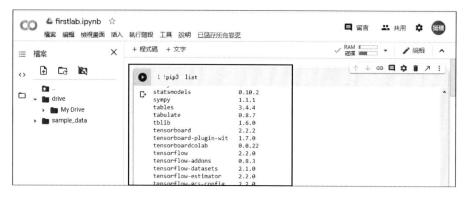

執行 Linux 命令

操作 Colab 時,常需使用 Linux 命令,例如以「pwd」命令查看現在目錄:

```
!pwd
```

Colab 中常用的 Linux 命令整理於下表：

命令	說明
ls 　-l：詳細檔案系統結構	顯示檔案結構
pwd	顯示當前目錄
cat 檔名 　-n：顯示行號	顯示檔案內容
mkdir 目錄名稱	建立新目錄
rmdir 目錄名稱	移除目錄，目錄必須是空的
rm 檔案或目錄名稱 　-i：刪除前需確認 　-rf：刪除目錄	移除檔案或目錄。加 -rf 刪除的目錄不必是空的。
mv 檔案或目錄名稱　目的目錄	移動檔案或目錄到目的目錄。
cp 檔案或目錄名稱　目的目錄 　-r：複製目錄	複製檔案或目錄到目的目錄。
ln -s 目錄名稱　虛擬目錄名稱	將目錄名稱設為虛擬名稱，通常用於簡化 Google Drive 雲端硬碟目錄。
unzip 壓縮檔名	將壓縮檔解壓縮。
sed -i 's/ 被取代字串 / 取代字串 /g' 檔案名稱	將檔案中所有「被取代字串」用「取代字串」取代。

要特別注意：「cd」命令也很常用，功能為切換目錄，但「!cd 目錄名稱」沒有作用，需使用「%cd 目錄名稱」才能切換目錄。

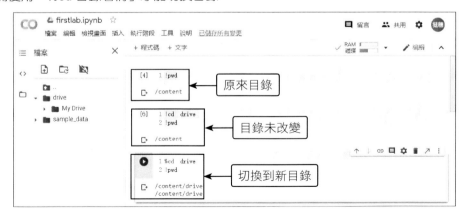

5.2 在 Colab 中進行機器學習

免費的 Colab 虛擬機器非常適合機器學習。Colab 中的主機較一般筆電的效能高很多，以筆者的筆電為例，CPU 是 Intel i7 第七代，顯示卡為 Nvidia Geforce GTX 950M 支援 GPU 運算，電腦記憶體為 16G，本節範例實測結果，Colab 執行速度比筆者筆電以 GPU 運行還快近五倍。

5.2.1 CIFAR-10 資料集簡介

CIFAR-10 資料集是一組大小為 32x32 的 RGB 影像，這些影像涵蓋了 10 個類別：飛機 (airplane)、汽車 (automobile)、鳥 (bird)，貓 (cat)、鹿 (deer)、狗 (dog)、青蛙 (frog)、馬 (horse)、船 (ship) 及卡車 (truck)。

CIFAR-10 資料集與 MNIST 資料集相同，共包含 60000 張圖片，每個類別 6000 張。其中，訓練集包含 50000 張圖片，測試集包含 10000 萬張圖片。各個類別的圖片是互斥的，不存在一張圖片屬於兩個或兩個以上類別的情況。

下圖為 CIFAR-10 資料集的類，以及每一類中隨機挑選 10 張圖片：

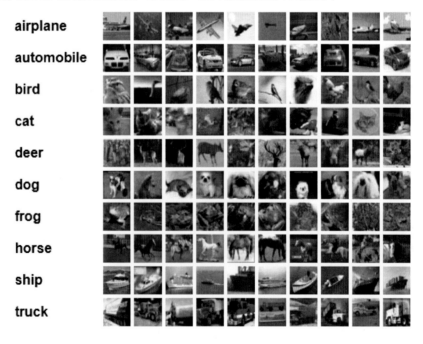

5.2.2 Colab 中訓練模型

在 Colab 中新建筆記本時會分配到一個全新的虛擬機器，本節範例所需的模組如 tensorflow、keras、numpy 等，系統都已預先裝好，不必自行安裝，直接引用就可以了！

在 Colab 建立一個新筆記本來訓練模型辨識 CIFAR-10 資料集的圖片：將新筆記本命名為「cifar_colab.ipynb」，設定使用 GPU，連接 Google Drive 雲端硬碟。

新筆記本預設自行產生一個程式儲存格，在儲存格輸入下面訓練 CIFAR-10 資料集的程式碼：以 CNN 卷積神經網路訓練。

```
1 from keras.datasets import cifar10
2 from keras.utils import np_utils
3 from keras.models import Sequential
4 from keras.layers import Conv2D, MaxPooling2D, Flatten, Dense, Dropout
5
6 ((train_data, train_label), (test_data, test_label)) =
      cifar10.load_data()   # 載入資料
7 train_data = train_data / 255   # 標準化
8 train_label_onehot = np_utils.to_categorical(train_label) # 轉為 onehot 編碼
```

```
 9 test_data = test_data / 255
10 test_label_onehot = np_utils.to_categorical(test_label)
11
12 dropvalue = 0.3
13 model = Sequential()
14 model.add(Conv2D(input_shape=(32, 32, 3), filters=32, kernel_
       size=(5, 5), padding='same', activation='relu'))   #加入卷積層
15 model.add(MaxPooling2D(pool_size=(2, 2)))   #加入池化層
16 model.add(Dropout(dropvalue))   #加入 Dropout 層
17 model.add(Conv2D(filters=64, kernel_size=(5, 5),
       padding='same', activation='relu'))
18 model.add(MaxPooling2D(pool_size=(2, 2)))
19 model.add(Dropout(dropvalue))
20 model.add(Flatten())
21 model.add(Dense(units=256, kernel_initializer='normal',
       activation='relu'))
22 model.add(Dropout(dropvalue))
23 model.add(Dense(units=10, kernel_initializer='normal',
       activation='softmax'))   #輸出層
24
25 #訓練
26 model.compile(loss='categorical_crossentropy',
       optimizer='adam', metrics=['accuracy'])
27 model.fit(x=train_data, y=train_label_onehot, validation_
       split=0.2, epochs=50, batch_size=500, verbose=2)
28
29 # 用測試資料評估 準確率
30 evalu = model.evaluate(test_data, test_label_onehot)
31 print(' 測試資料正確率：', evalu[1])
32
33 model.save('/content/drive/My Drive/Colab Notebooks/
       cifarModel.h5')   #儲存模型
```

程式說明

- 1-4　　　含入模組。

- 6　　　　載入 CIFAR-10 資料集。第二章在本機訓練模型時，只有在第一次執行載入 MNIST 資料集時會下載資料檔案並將其儲存於本機，以後就不必下載，由本機載入資料集即可。而每次開啟 Colab 虛擬機器或虛擬機器重新連線就會取得一個全新的虛擬機器，前面下載的 CIFAR-10 資料集檔案會被清除，所以必須重新下載資料集檔案。

- 7　　　　將訓練資料標準化（介於 0 與 1 之間）。

▨	8	將訓練資料轉為 onehot 編碼。
▨	9-10	將測試資料標準化及轉為 onehot 編碼。
▨	12	設定 Dropout 層捨棄資料的比例。
▨	13	以 Sequential 方式建立模型。
▨	14	加入卷積層。
▨	15	加入池化層。
▨	16	加入 Dropout 層。
▨	17-19	加入第二個卷積層、池化層及 Dropout 層。
▨	20	加入平坦層，將資料轉為一維。
▨	21-22	加入隱藏層 Dropout 層。
▨	23	加入輸出層。
▨	26	以 compile 方法定義 Loss 損失函式、Optimizer 最佳化方法和 metrics 評估準確率方法。
▨	27	進行模型訓練。
▨	30-31	使用 CIFAR-10 資料集的 10000 筆貨料進行預測，並列印測試資料準確率。
▨	33	儲存模型檔。注意檔案路徑為 Google 雲端硬碟。

按程式儲存格左方的 ⏵ 圖示執行程式：執行結果顯示大約有 75% 正確率，同時由左方檔案總管可見到已產生 <cifarModel.h5> 模型檔。

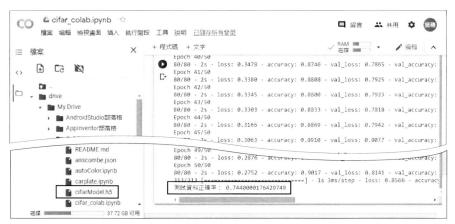

開啟 Google Drive 雲端硬碟，切換到 <Colab Notebooks> 資料夾，可見到 <cifarModel.h5> 模型檔案。

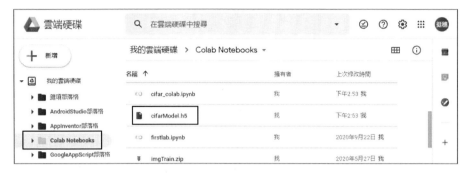

5.2.3 Colab 中使用模型

訓練完成 CIFAR-10 資料集模型後，就可利用此模型來預測未知圖片了！

上傳圖片到 Google 雲端硬碟

本章範例 <image_test> 資料夾中含有 CIFAR-10 的十個類別各三張圖片，共計 30 張圖片。圖片名稱的第一個數字代表類別編號，對應 CIFAR-10 的十個類別，例如 <0_1.jpg> 到 <0_3.jpg> 為飛機圖片、<1_1.jpg> 到 <1_3.jpg> 為汽車圖片，<2_1.jpg> 到 <2_3.jpg> 為鳥類圖片，依此類推。

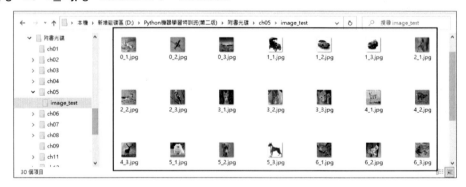

Google 雲端硬碟有提供上傳資料夾功能，可以將整個資料夾一次上傳到 Google 雲端硬碟讓 Colab 使用：在 Google Drive 雲端硬碟中切換到 <Colab Notebooks> 資料夾，按左上方 **新增** 鈕，再點選 **資料夾上傳**，於 **選擇要上傳的資料夾** 對話方塊選擇 <image_test> 資料夾後按 **上傳** 鈕。

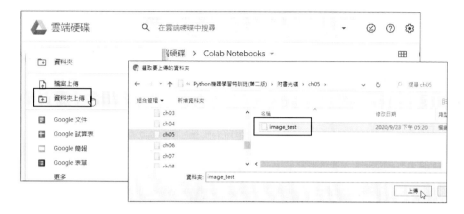

使用模型預測未知圖片類別

按 + Code 鈕在原來儲存格下方新增一個程式儲存格，在儲存格輸入下面使用 CIFAR-10 模型的程式碼：

```
1 #測試未知資料
2 from keras.models import load_model
3 import glob,cv2
4 import numpy as np
5 from keras.utils import np_utils
6
7 model = load_model('/content/drive/My Drive/Colab Notebooks/
     cifarModel.h5')   #載入模型
8 files = glob.glob('/content/drive/My Drive/Colab Notebooks/
     image_test/*.jpg')   #由雲端硬端讀入圖片
9 test_data=[]
10 test_label=[]
11 for file in files:
12     img=cv2.imread(file)
13     test_data.append(img)
14     label=file[-7:-6]   #"image_test\0_1.jpg" 倒數第 7 個字元為 label
15     test_label.append(int(label))
16
17 test_data=np.array(test_data)   # 串列轉為矩陣
18 test_label=np.array(test_label)   # 串列轉為矩陣
19 test_data = test_data/255
20 test_label_onehot = np_utils.to_categorical(test_label)
21
22 # 預測
23 evalu = model.evaluate(test_data, test_label_onehot)
```

```
24 print(' 測試資料正確率：', evalu[1])
25 prediction = model.predict(test_data)
26 # 預測與真實值對照表
27 print(' 真實值：', test_label)
28 print(' 預測值：', np.argmax(prediction, axis=-1))
```

程式說明

- **2-5** 含入模組。第 5 列重複含入 np_utils 模組（此模組在上一個儲存格已含入），目的是讓此儲存格可以獨自執行。如果使用者重新開啟 Colab，想要不執行第一個儲存格重新訓練模型而直接使用模型預測圖片類別，可以直接執行此儲存格。

- **7** 載入存在 Google 雲端硬碟的模型檔。

- **8** 由雲端硬端讀入圖片。

- **9-10** test_data 為儲存圖片的串列，test_label 串列儲存圖片的標籤。

- **11-15** 逐一將圖片及標籤加入對應的串列。

- **12-13** 讀取圖片加入串列。

- **14-15** 讀取標籤加入串列。標籤為檔案名稱的第一個字元，因為此處 file 是路徑，如「/content/drive/My Drive/Colab Notebooks/image_test/0_1.jpg」，因此取倒數第 7 個字元較為方便。

- **17-18** 將圖片串列及標籤串列轉為 numpy 矩陣。

- **19** 將圖片資料標準化。

- **20** 將標籤資料轉為 onehot 編碼。

- **23-24** 對未知圖片進行預測並顯示正確率。

- **25** 取得每張圖片預測值。

- **27-28** 顯示每張圖片真實值（標籤）與預測值對照表，讓使用者可以知道各種類預測狀況。

按程式儲存格左方的 ▶ 圖示執行程式：執行結果顯示正確率約為 63%，其中類別 2（鳥類）三張圖片都正確，其餘種類三張圖片各有一或兩張圖片正確。

雲端硬碟的圖片檔案

每次訓練模型及預測結果皆不相同

你會發現使用本章範例執行的結果可能會與書中展示結果不同，相同的程式碼多執行幾次，其結果也可能不同，這就是機器學習的特性，因為每次權重的初始值是隨機設定，導致經過一定次數的訓練後，其結果不盡相同。

由於每次訓練產生的模型都會有部分差異，其對未知圖片的預測結果也會有差異，可將正確率較高的模型儲存起來，做為日後使用。

第二章手寫辨識的正確率高達 97% 以上，手寫辨識若使用 CNN 則正確率可達 99%，CIFAR-10 的正確率偏低，原因除了是圖片較手寫辨識稍大外 (32X32)，最主要原因是 CIFAR-10 為彩色圖片。若要提高模型正確率，可朝下列方向嚐試：

- ▨ **增加卷積層及隱藏層的層數**

- ▨ **增加卷積層的 filter 數**：第 14 及 17 列程式。

- ▨ **增加隱藏層的神經元數**：第 21 列程式的 units 參數。

- ▨ **提高訓練次數**：第 27 列程式的 epochs 參數。

- ▨ **改變 Dropout 層捨棄資料比例**：第 12 列程式。

Memo

Chapter 06

體驗機器學習雲端平台：Microsoft Azure

6.1 專題方向

Azure 是微軟的公用雲端服務 (Public Cloud Service) 平台，自 2008 年開始發展，目前全球有 54 座資料中心以及 44 個 CDN 跳躍點，並且於 2015 年時被 Gartner 列為雲端運算的領先者。目前 Azure 已包含 30 餘種服務，數百項功能。

Azure 機器學習資源可以讓學習者快速建立各種機器學習應用。

專題檢視

Azure 的 **電腦視覺** 資源，包括辨識圖片中的文字，分析圖片內容及判斷地標圖片等功能。辨識圖片文字功能可辨識印刷體及手寫文字，分析圖片內容功能不但可分析遠端圖片，也可分析本機圖片。

Azure 的 **臉部資源** 提供臉部偵測、人臉比對等功能。臉部偵測功能非常強大，不僅能偵測出圖片中臉部的位置，還能告知臉部的性別、年齡、表情、眼鏡、化粧等資訊。人臉比對功能會對兩個偵測到的臉部進行比對，它會評估兩張臉孔是否屬於同一人，這就是一般所謂的「刷臉」功能。

Azure **翻譯文字資源** 的識別語言功能會偵測文句的語言類別，翻譯文字功能會將文字翻譯為指定語言的文字。

▲ 人臉偵測

▲ 圖片分析

▲ 辨識印刷文字

Taipei 101
▲ 辨識地標

6.2 電腦視覺資源

微軟 (Microsoft) 在機器學習領域已深耕多年，累積了相當多為人津津樂道的功能。雖然大部分微軟提供的應用都要收費，但只要註冊，微軟就提供 200 美元額度讓新手測試，若需大量使用時再進行付費。

本節說明使用量相當大的「電腦視覺」資源，包括辨識圖片中的文字，分析圖片內容及判斷地標圖片等功能。

6.2.1 建立 Azure 帳號

建立 Microsoft 帳號

使用微軟機器學習功能的第一步是要有 Microsoft 帳號，如果沒有 Microsoft 帳號，就先建立一個 Microsoft 帳號：在瀏覽器開啟「https://login.live.com/login.srf?lw=1」Microsoft 登入頁面，按 **立即建立新帳戶** 連結，然後按照說明填寫表單、輸入密碼等，完成新帳號建立程序。

建立 Azure 帳號

於 Microsoft 登入頁面以新帳號登入，再切換到 Azure 帳號申請頁面「https://azure.microsoft.com/zh-tw/free/」，按 **Start free** 鈕建立免費 Azure 帳號。

為了慎重，系統會要求輸入申請者密碼 (Microsoft 帳號的密碼)，再按 **登入** 鈕：

接著按照指示填寫各種基本資料，最重要的是需輸入真實信用卡資料才能通過申請。申請 Azure 帳號成功後，Microsoft 會扣款美金 1 元，將來 Microsoft 會退還這筆扣款。當見到下圖畫面就表示 Azure 帳號建立成功，按 **Go to the portal** 鈕即可開始使用 Microsoft 提供的各種機器學習功能了！

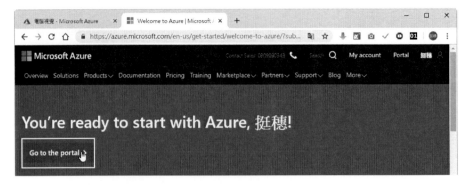

6.2.2 建立電腦視覺資源

Azure 是以「資源」來計算每個帳號使用機器學習功能的數量，藉以核算該帳號的費用，因此要使用指定的機器學習功能之前，需先建立該功能的「資源」，建立的「資源」會包含「金鑰」(key) 及「端點」(endpoint，即機器學習功能 API 的位址)，使用者即可利用「金鑰」及「端點」執行該機器學習功能。

本節是執行「電腦視覺」認知服務功能，請依以下步驟建立「電腦視覺」資源：

新 建 Azure 帳 號 後 按 **Go to the portal** 鈕， 或 開 啟 首 頁「https://portal.azure.com/#home」，點選 **建立資源**，搜尋欄位輸入「vision」，然後在下方點選 **Computer Vision** 項目，再於 **電腦視覺** 頁面按 **建立** 鈕。

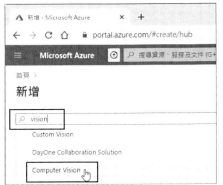

訂用帳戶 欄選 **Free Trial** (免費)，**資源群組** 欄按下方 **新建** 鈕，於對話方塊 **名稱** 欄輸入資源群組名稱後按 **確定** 鈕。**區域** 欄選 **東南亞**，**名稱** 欄輸入自訂資源名稱，**定價層** 點選 **Free F0** 後按 **檢閱 + 建立** 鈕，接著在 **驗證成功** 頁面按 **建立** 鈕建立電腦視覺資源。

建立資源需花費一段時間，建立完成會發通知告知使用者，點選上方 ⌂ 通知圖示可觀看通知訊息。點選 **前往資源** 鈕。

點選左方 **金鑰與端點**，每個資源提供兩組金鑰，使用任何一組皆可，按右方 📋 鈕可複製金鑰。複製任一組金鑰備用。

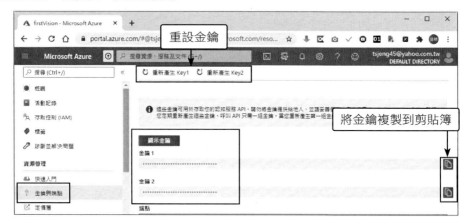

點選左方 **概觀**，右方 **端點** 下方資料即為電腦視覺資源的端點網址，將滑鼠移到網址的文字時，文字右方會出現 📋 按鈕，點選此按鈕會將端點網址複製到剪貼簿。

查看金鑰及端點

新增資源後，會產生這個資源專屬的金鑰及端點網址，若要使用這個端點網址下的 API 服務，就必須利用這個金鑰。所以在程式中要呼叫 Azure 中的 API 服務，這組金鑰及端點網址就十分重要。若要查詢服務使用的金鑰及端點，就要登入 Azure 首頁，在下方 **最近的資源** 會顯示最近使用過的服務及資源群組，點選服務名稱就可開啟該資源頁面。

6.2.3 使用 Azure API 程式基本語法

在程式中使用 Azure API 服務的基本語法為：

```
1    subscription_key = " 金鑰 "
2    endpoint   = " 端點 "
3    api_url = endpoint + " 資源功能路徑 "
4    headers = {'Ocp-Apim-Subscription-Key': subscription_key,
                                                  項目：值，…}
5    params   = { 項目一：值一， 項目二：值二， …}
6    data     = { 項目一：值一， 項目二：值二， …}
7    response = requests.post(ocr_url, headers=headers,
                                    params=params, json=data)
8    result = response.json()
```

程式說明

- **1-2** 基本語法中的變數名稱可自行設定。這裡使用 subscription_key 儲存金鑰，endpoint 儲存端點網址。

- **3** API 服務的呼叫網址會利用使用者端點網址再加上資源功能路徑，例如「vision/v3.0/ocr」表示辨識圖片文字，「/vision/v3.0/analyze」表示分析圖片內容。

- **5-6** params 代表的是用 URL 傳遞的參數，data 代表用 post 傳遞的資料。

- **7** requests 用 post 的方式將資料傳遞到 API 服務的網址。

- **8** 將傳回結果轉換為 JSON 格式，使用者可分析傳回值做後續處理。

6.2.4 辨識印刷體文字

辨識印刷體文字功能是利用光學字元辨識 (OCR) 來擷取圖片中的印刷文字，不但會傳回辨識出的文字，也會傳回每個文字在圖片中的座標位置。此功能可應用於名片文字辨識、招牌文字辨識、車牌辨識等。

程式碼：ocr1.py

```
1    import requests
2    import matplotlib.pyplot as plt
3    from matplotlib.patches import Rectangle
4    from PIL import Image
5    from io import BytesIO
6
7    subscription_key = " 你的電腦視覺資源金鑰 "        # 金鑰
8    endpoint = " 你的電腦視覺資源端點網址 "              # 端點
9    ocr_url = endpoint + "vision/v3.0/ocr"      #ocr 功能
10   image_url = "https://i.imgur.com/ptMvd6w.png"  # 遠端圖片
11   headers = {'Ocp-Apim-Subscription-Key': subscription_key}
12   params  = {'language': 'unk', 'detectOrientation':
                                  'true'}   # 自動偵測文字類別及方向
13   data    = {'url': image_url}
14   response = requests.post(ocr_url, headers=headers,
                                  params=params, json=data)
15   analysis = response.json()
16   #print(analysis)   # 列印結果
17
18   #line_infos 串列儲存所有文字的坐標
19   line_infos = []
20   for region in analysis["regions"]:
21       line_infos.append(region["lines"])
22   word_infos = []
23   for line in line_infos:
24       for word_metadata in line:
25           for word_info in word_metadata["words"]:
26               word_infos.append(word_info)
27   # 框選所有文字
28   plt.figure(figsize=(12, 12))
29   image = Image.open(BytesIO(requests.get(image_url).content))
30   ax = plt.imshow(image, alpha=0.5)
31   for word in word_infos:
32       bbox = [int(num) for num in word["boundingBox"].split(",")]
33       #text = word["text"]
```

```
34          origin = (bbox[0], bbox[1])
35          patch = Rectangle(origin, bbox[2], bbox[3], fill=False,
                                          linewidth=2, color='r')
36          ax.axes.add_patch(patch)
37      plt.axis("off")   # 隱藏坐標軸
```

程式說明

- 1-5　　載入模組。

- 7-15　　Azure API 服務基本語法，「vision/v3.0/ocr」是使用 OCR 功能。

- 10　　要辨識的圖片需使用儲存於遠端空間的圖片。

- 12　　「'language': 'unk'」設定自動偵測語言種類，下表為常用的語言
種類代碼。「'detectOrientation': 'true'」設定自動偵測文字
的方向。

語言	代碼	語言	代碼	語言	代碼
自動偵測	unk	zh-Hant	繁體中文	zh-Hans	簡體中文
en	英文	ja	日文	ko	韓文
fr	法文	nl	荷蘭文	el	希臘文
de	德文	es	西班牙文	ar	阿拉伯文

- 16　　若將此列前方「#」移除，程式會顯示傳回值。為免干擾執行結果，故
將此列註解，讀者若要觀看傳回值，可移除註解字元「#」。本章程式
皆採此種方式處理傳回值。

- 19-26　　將傳回值中的文字座標逐一存入 word_infos 串列。

- 28-37　　依據 word_infos 串列資料逐一將文字框選起來。

執行結果：

將 16 列程式註解移除後顯示的傳回值為：

```
{'language': 'zh-Hant', 'textAngle': 0.0, 'orientation': 'Up', 'regions':
[{'boundingBox': '569,122,2008,167', 'lines':
[{'boundingBox': '569,122,2008,167', 'words': [
{'boundingBox': '569,129,388,132', 'text': '2018'},
{'boundingBox': '973,122,162,167', 'text': '▨'},
{'boundingBox': '1152,122,165,165', 'text': '▨'},
.........
```

傳回值第 1 列偵測語言種類為繁體中文 (zh-Hant)，文字方向為向上 (Up)。

第 3 列指出所有文字存於「words」的串列中，第 4 列開始為識別的文字資料：
boundingBox 是座標資料，text 是識別的文字結果。

6.2.5 辨識手寫文字

辨識手寫文字功能與辨識印刷體文字功能的原理及使用方法類似，只是此功能是用於辨識手寫的文字。目前此功能尚未支援中文辨識，下面範例為辨識英文。

程式碼：**ocr2.py**

```
......
10    text_recognition_url = endpoint + "/vision/v3.0/read/analyze"
                                                        # 文字辨識功能
11    image_url = "https://i.imgur.com/VYLTAUV.jpg"
12    headers = {'Ocp-Apim-Subscription-Key': subscription_key}
13    data    = {'url': image_url}
14    response = requests.post(text_recognition_url, headers=headers,
                                                        json=data)

16    analysis = {}
17    flag = True  # 記錄是否辨識完成 ,False 為辨識完成
18    while (flag):
19        response_final = requests.get(response.
                    headers["Operation-Location"], headers=headers)
20        analysis = response_final.json()  # 取得回傳值
21        #print(analysis)  # 顯示回傳值
22        if ("analyzeResult" in analysis): flag= False
                            # 回傳值有「analyzeResult」表示完成
23        if ("status" in analysis and analysis['status']
                            == 'failed'): flag= False  # 辨識失敗
24        time.sleep(1)  # 辨識需時間 , 每 1 秒讀一次回傳值
```

```
25
26    polygons=[]    #取得每列坐標
27    if ("analyzeResult" in analysis):
28        polygons = []
29        for line in analysis["analyzeResult"]["readResults"][0]["lines"]:
30            polygons.append((line["boundingBox"], line["text"]))
31
32    #框選及列印每列文字
33    plt.figure(figsize=(12, 12))
34    image = Image.open(BytesIO(requests.get(image_url).content))
35    ax = plt.imshow(image)
36    for polygon in polygons:
37        vertices = []
38        for i in range(0, len(polygon[0]), 2):
39            vertices.append((polygon[0][i], polygon[0][i+1]))
40        text = polygon[1]    #取得文字
41        patch = Polygon(vertices, closed=True, fill=False, linewidth=2,
                                                             color='r')
42        ax.axes.add_patch(patch)
43        plt.text(vertices[0][0], vertices[0][1], text, fontsize=20,
                                    va="top", color='b')    #列印文字
44    plt.axis("off")
```

程式說明

- ▨ 10　　　　「/vision/v3.0/read/analyze」為功能名稱。

- ▨ 16-24　此辨識花費的時間較長，需每隔一秒檢查傳回值判斷是否辨識完成。

- ▨ 16　　　analysis 變數儲存傳回值。

- ▨ 17　　　flag 布林變數儲存是否辨識完成：True 表示辨識未完成，False
　　　　　　表示辨識完成。

- ▨ 22　　　若回傳值中包含「analyzeResult」表示辨識完成。

- ▨ 23　　　若回傳值的「status」項目為 failed 表示辨識失敗。

- ▨ 24　　　每隔一秒檢查傳回值一次。

- ▨ 26-30　取得每列文字的座標。辨識手寫文字功能座標回傳值與辨識印刷體文字
　　　　　　（矩形）不同，此處傳回多邊形（polygon）。

- ▨ 33-44　框選每列文字，並將文字以藍色文字在圖形中印出。

- ▨ 40　　　取得每列文字。

- ▨ 44　　　列在圖形中印出文字。

執行結果：

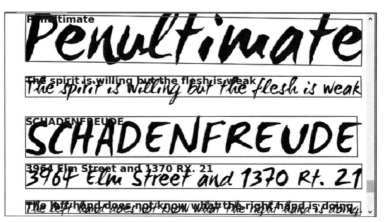

傳回值請自行查看 (請先移除第 21 列程式註解)。

6.2.6 分析遠端圖片

分析遠端圖片功能會對指定的遠端圖片內容進行分析，可以得知圖片中包含的各種物件，如人、動物、汽車、樹木等，然後對圖片進行分類，並給予具體的描述。

此功能可應用於為使用者篩選特定事物的圖片，例如在眾多圖片中選出有建築物的圖片、有河流的圖片等。

程式碼：**imgAnalyze1.py**
......

```
8    analyze_url = endpoint + "/vision/v3.0/analyze"
9    image_url = "https://i.imgur.com/r9R6Dzt.jpg"
10   headers = {'Ocp-Apim-Subscription-Key': subscription_key }
11   params   = {'visualFeatures': 'Categories,Description,Color'}
12   data     = {'url': image_url}
13   response = requests.post(analyze_url, headers=headers,
                                        params=params, json=data)
14   analysis = response.json()
15   #print(analysis)
16
17   # 顯示圖片及圖片描述
18   image_caption = analysis["description"]["captions"][0]["text"]
                                        # 取得圖片描述
19   image = Image.open(BytesIO(requests.get(image_url).content))
20   plt.imshow(image)
```

```
21    plt.axis("off")
22    _ = plt.title(image_caption, size="x-large", y=-0.1)    #顯示圖片描述
```

程式說明

- 8 「/vision/v3.0/analyze」為功能名稱。
- 11 設定傳回哪些資料，此處為傳回所有資料。例如 「{'visualFeatures': 'Description'}」則僅傳回 Description 項目的資料。各項目內容為：

  Categories：傳回圖片種類，如戶外、街道等。

  Description：傳回圖片描述及包含的物件等。

  Color：傳回圖片主要色系、背景色系等。

- 18-22 顯示圖片及圖片描述。
- 18 取得圖片描述。

  Description 項目的傳回值如下，可知描述為 「analysis["description"]["captions"][0]["text"]」：

```
'description': {                         圖片描述
'tags': ['building', 'outdoor', 'person', 'people', 'street',……],
'captions': [{'text': 'a group of people walking on a city street',
'confidence': 0.9787938106734789}]},
```

- 22 在圖形下方顯示圖片描述。「y=-0.1」表示在圖形下方。

執行結果：

a group of people walking on a city street ← 圖片描述

圖片描述無法以中文描述，我們可以搭配本章後面介紹的「翻譯」功能，將描述文字翻譯為中文再顯示。

6.2.7 分析本機圖片

分析本機圖片功能與分析遠端圖片功能的使用方法完全相同，只是圖片可使用本機圖片。

由於 Azure 機器學習功能是由 Azure 伺服器執行，絕大多數功能所需的檔案是儲存於雲端，分析本機圖片是少數可處理本機檔案的功能之一。此功能不需將圖片檔上傳到雲端再處理，對於要分析大量本機圖片時相當方便。

程式碼：imgAnalyze2.py

```
......
6    subscription_key = "你的電腦視覺資源金鑰"          # 金鑰
7    endpoint = "你的電腦視覺資源端點網址"              # 端點
8    analyze_url = endpoint + "/vision/v3.0/analyze"
9    image_path = "media/street.jpg"  # 本機圖片檔路徑
10   image_data = open(image_path, "rb").read()  # 讀取圖片檔
11   headers = {'Ocp-Apim-Subscription-Key': subscription_key,
12             'Content-Type': 'application/octet-stream'}
13   params = {'visualFeatures': 'Categories,Description,Color'}
14   response = requests.post(analyze_url, headers=headers,
                             params=params, data=image_data)
15   analysis = response.json()
16   #print(analysis)
17
18   # 顯示圖片及圖片描述
19   image_caption = analysis["description"]["captions"][0]["text"]
20   image = Image.open(BytesIO(image_data))
21   plt.imshow(image)
22   plt.axis("off")
23   _ = plt.title(image_caption, size="x-large", y=-0.1))
```

程式說明

- 9-10　讀取本機圖片檔案。

- 11-12　注意 headers 參數要加入「'Content-Type': 'application/octet-stream'」，表示要使用二進位數據傳輸，伺服器會將客戶端資料以附件方式保存。

- 20-21　直接讀取本機圖片檔顯示。

傳回值與執行結果皆和前一範例相同。

6.2.8 辨識圖片地標或名人

辨識圖片地標或名人會偵測圖片中的建築、人物等與資料庫比對。在資料庫中包含了世界上許多知名的地標及名人的圖像，如果符合就傳回該地標或名人的名稱。辨識地標或名人是以不同參數指定查詢的對象，下面範例為辨識地標。

程式碼：landmark1.py

```
......
6    subscription_key = " 你的電腦視覺資源金鑰 "        # 金鑰
7    endpoint = " 你的電腦視覺資源端點網址 "          # 端點
8    landmark_analyze_url = endpoint +
                        "/vision/v3.0/models/landmarks/analyze"
9    image_url = "https://i.imgur.com/xZHkCDm.jpg"  # 台北 101
10   headers = {'Ocp-Apim-Subscription-Key': subscription_key}
11   params = {'model': 'landmarks'}
12   data    = {'url': image_url}
13   response = requests.post(landmark_analyze_url, headers=headers,
                        params=params, json=data)
14   analysis = response.json()
15   #print(analysis)
16
17   if len(analysis["result"]["landmarks"]) > 0:  # 如果有地標
18       landmark_name = analysis["result"]
                        ["landmarks"][0]["name"]  # 取得地標名稱
19       image = Image.open(BytesIO(requests.get(image_url).content))
20       plt.imshow(image)
21       plt.axis("off")
22       _ = plt.title(landmark_name, size="x-large", y=-0.1)
23   else:  # 未傳回地標
24       print(" 無法辨識地標 ")
```

程式說明

- 8　　　「/vision/v3.0/models/landmarks/analyze」為功能名稱。

- 11　　　「'model': 'landmarks'」表示要辨識地標，若要辨識名人則需改為「'model': 'celebrities'」。

- 17-24　如果辨識結果沒有地標會傳回空串列，所以需檢查是否有偵測到地標，若有就在 18-22 列顯示圖片及地標名稱，若未偵測到地標就顯示「無法辨識地標」訊息。

■ 18　　　偵測到地標的傳回值為：

```
{'result':
  {'landmarks':
    [{'name': 'Taipei 101', 'confidence': 0.9963931441307068}]}
```

地標名稱

因此可用「analysis["result"]["landmarks"][0]["name"]」取得地標名稱。

執行結果：

Taipei 101

<landmark2.py> 為辨識名人的範例，只要將 <landmark1.py> 第 8 列功能網址改為：

```
"/vision/v3.0/models/celebrities/analyze"
```

第 9 列程式改為包含名人的圖片 (此範例為美國前總統歐巴馬)，第 11、17、18 列程式中的「landmarks」改為「celebrities」即可。

<landmark2.py> 的執行結果：

Barack Obama

6.3 臉部辨識資源

目前已有許多手機使用「刷臉」做為開機的方式，大為提高手機的安全性及便利性。臉部偵測及比對是最為一般人熟悉的機器學習功能。

Azure 的臉部資源提供臉部偵測、人臉比對、臉部分組、人員識別 (臉部與資料庫中的人員人臉比對) 等功能。

6.3.1 臉部偵測

首先建立臉部資源：開啟 Azure 首頁「https://portal.azure.com/#home」，點選 **建立資源**，搜尋欄位輸入「face」，然後在下方點選 **Face** 項目，再於 **臉部** 頁面按 **建立** 鈕。**訂用帳戶** 欄選 **Free Trial** (免費)，**資源群組** 欄按下方 **新建** 鈕，於對話方塊 **名稱** 欄輸入資源群組名稱後按 **確定** 鈕。**區域** 欄選 **東南亞**，**名稱** 欄輸入自訂資源名稱，**定價層** 點選**免費 F0** 後按 **檢閱 + 建立** 鈕，接著在 **驗證成功** 頁面按 **建立** 鈕建立臉部資源。

點選 **前往資源** 鈕，複製資源 key 及端點網址備用。

Azure 的臉部偵測功能非常強大，不僅能偵測出圖片中臉部的位置，還能告知臉部的性別、年齡、表情、眼鏡、化粧等資訊。

臉部偵測傳回全部屬性值示例：

```
{'faceId': '9037ebbf-a16d-4ff8-a991-71c6802c1c50',
'faceRectangle': {'top': 136, 'left': 140, 'width': 135, 'height': 135},
'faceAttributes': {
'smile': 0.0,
'headPose': {'pitch': -5.7, 'roll': -8.5, 'yaw': 1.1},
'gender': 'male',
'age': 49.0,
'facialHair': {'moustache': 0.1, 'beard': 0.1, 'sideburns': 0.1},
'glasses': 'NoGlasses',
'emotion': {'anger': 0.0, 'contempt': 0.001, 'disgust': 0.0,
      'fear': 0.0, 'happiness': 0.0, 'neutral': 0.995,
      'sadness': 0.003, 'surprise': 0.0},
'blur': {'blurLevel': 'low', 'value': 0.06},
'exposure': {'exposureLevel': 'goodExposure', 'value': 0.58},
'noise': {'noiseLevel': 'low', 'value': 0.0},
'makeup': {'eyeMakeup': False, 'lipMakeup': False},
'accessories': [],
'occlusion': {'foreheadOccluded': False,……},
'hair': {'bald': 0.06, 'invisible': False, 'hairColor':
      [{'color': 'black', 'confidence': 1.0}, ……
```

■ **faceId**：臉部圖形 Id，做為識別此臉部的依據，下一小節範例會使用此 Id。

■ **faceRectangle**：臉部圖形的矩形座標。

■ **smile**：是否微笑。

■ **headPose**：頭部姿勢。

■ **gender**：性別，男或女。

■ **age**：年齡。

■ **facialHair**：鬍子，包括下巴、鼻下及兩鬢的鬍鬚。

■ **glasses**：是否戴眼鏡。

■ **emotion**：情緒，包括生氣、鄙視、厭惡、恐懼、快樂、悲傷、驚訝 ... 等。

■ **blur**：臉部模糊程度。

■ **exposure**：臉部曝光程度。

■ **noise**：臉部雜點程度。

■ **makeup**：是否化粧。

■ **accessories**：臉部的飾品。

■ **occlusion**：前額是否皺起，嘴巴、眼睛是否閉起來。

■ **hair**：是否禿頭及頭髮顏色。

程式碼：faceRecog1.py

```
......
 7 subscription_key = " 你的人臉資源 key"
 8 face_base_url = "https://southeastasia.api.cognitive.
     microsoft.com/face/v1.0/"
 9 face_url = face_base_url + 'detect'
10 image_url = "https://image.freepik.com/free-photo/group-
          asian-male-female-friends-posing-together_1098-20702.jpg"
11 headers = {'Ocp-Apim-Subscription-Key': subscription_key}
12 params = {
13     'returnFaceId': 'true',
14     'returnFaceLandmarks': 'false',
15     'returnFaceAttributes': 'age,gender,headPose,smile,
          facialHair,glasses,emotion,hair,makeup,occlusion,
          accessories,blur,exposure,noise',
16 }
17 data    = {'url': image_url}
18 response = requests.post(face_url, headers=headers,
     params=params, json=data)
19 result = response.json()
20 #print(result)
21
22 # 框選臉部及顯示部分資訊
23 image_file = BytesIO(requests.get(image_url).content)
24 image = Image.open(image_file)
25 plt.figure(figsize=(8,8))
26 ax = plt.imshow(image)
27 for face in result:
28     fr = face["faceRectangle"]   # 取得臉部佳標
29     fa = face["faceAttributes"]  # 取得臉部屬性
30     origin = (fr["left"], fr["top"])
31     p = patches.Rectangle(origin, fr["width"], fr["height"],
          fill=False, linewidth=2, color='b')  # 畫出矩形
32     ax.axes.add_patch(p)
33     plt.text(origin[0], origin[1], "%s, %d"%(fa["gender"],
          fa["age"]), fontsize=20, weight="bold", va="bottom",
          color='r')  # 顯示資訊
34 plt.axis("off")
```

程式說明

■	7	此處需使用臉部資源的 key。
■	9	「detect」為功能名稱。
■	15	設定傳回值要取得的屬性。此處設定全部屬性方便觀察傳回的屬性值，實際應用時可改為需要的屬性即可。
■	23-34	顯示原始圖片，在圖片中框選臉部及顯示部分資訊。

執行結果：

6.3.2 人臉比對

Azure 的人臉比對功能會對兩個偵測到的臉部進行比對，它會評估兩張臉孔是否屬於同一人，這就是一般所謂的「刷臉」功能。此功能在安全性應用時非常有用，例如刷臉打卡系統、刷臉登入系統等。

前一小節提及 Azure 偵測到臉部圖形後會給該臉部圖形設定一個 FaceId，人臉比對功能就是針對兩個 FaceId 進行比對。下面範例將臉部偵測及人臉比對都撰寫成函式，如此就可重複呼叫函式執行指定功能。

程式碼：faceVerify1.py

```
 1 def getFaceId(image_url):  #取得臉部 Id
 2     face_url = face_base_url + 'detect'
 3     params = {
 4         'returnFaceId': 'true',
 5         'returnFaceLandmarks': 'false',
 6         'returnFaceAttributes': 'age',
 7     }
 8     data    = {'url': image_url}
 9     response = requests.post(face_url, headers=headers,
            params=params, json=data)
10     faces = response.json()
11     return faces[0]['faceId']
12
13 def verifyFace(faceid1, faceid2):  #比對臉部是否相同
14     face_url = face_base_url + 'verify'
15     data    = {
16         'faceId1': faceid1,
17         'faceId2': faceid2,
18     }
19     response = requests.post(face_url, headers=headers, json=data)
20     result = response.json()
21     #print(result)
22     if result['isIdentical']== True:   #臉部相同
23         return '兩張相片為同一人！'
24     else:  #臉部不同
25         return '兩張相片為不同人！'
26
27 import requests
28
```

```
29 subscription_key = "你的人臉資源key"
30 face_base_url = "https://southeastasia.api.cognitive.
      microsoft.com/face/v1.0/"
31 headers = {'Ocp-Apim-Subscription-Key': subscription_key}
32
33 girl1 = getFaceId("https://i.imgur.com/ZmeJH08.png")   #girl照片一
34 girl2 = getFaceId("https://i.imgur.com/RBpYZSQ.png")   #girl照片二
35 girl3 = getFaceId("https://i.imgur.com/HtoGSA2.png")   #girl照片三
36 print(' 傳入相同人員的不同照片:' + verifyFace(girl1, girl2))
37 print('\n傳入不同人員的照片:' + verifyFace(girl1, girl3))
```

程式說明

- **1-11** 傳入圖片後傳回臉部 FaceId 的函式。

- **11** FaceId 在偵測功能傳回值的「FaceId」欄位(詳見前一小節)。

- **13-25** 傳入兩個 FaceId 後比對是否為同一人臉部的函式。

- **14** 「verify」為比對功能名稱。

- **21** 比對的傳回值示例:

```
{'isIdentical': True, 'confidence': 0.74663}
```

- **22-25** 由傳回值的「isIdentical」欄位判斷是否同一人臉部。

- **33-35** 上傳相同人員及不同人員的照片。

- **36-37** 分別比對相同人員及不同人員的照片。

girl1

girl2

girl3

執行結果:

6.4 文字語言翻譯資源

Azure 翻譯文字資源是雲端式機器翻譯服務，可讓你透過 API 呼叫，近乎即時地翻譯文字。此 API 採用先進的類神經機器翻譯技術，類神經機器翻譯 (NMT) 是高品質 AI 技術架構機器翻譯的新標準。目前 Azure 翻譯文字資源已支援 60 種以上的語言。

6.4.1 語言識別

首先建立翻譯文字資源：開啟 Azure 首頁「https://portal.azure.com/#home」，點選 **建立資源**，搜尋欄位輸入「translator」，然後在下方點選 **Translator** 項目，再於 **翻譯工具** 頁面按 **建立** 鈕。**訂用帳戶** 欄選 **Free Trial**（免費），**資源群組** 欄按下方 **新建** 鈕，於對話方塊 **名稱** 欄輸入資源群組名稱後按 **確定** 鈕。**Resource region** 欄選 **全域**，**名稱** 欄輸入自訂資源名稱，**定價層** 點選 **Free F0** 後按 **檢閱＋建立** 鈕，接著在 **驗證成功** 頁面按 **建立** 鈕建立翻譯資源。點選 **前往資源** 鈕，複製資源 key 及端點網址備用。

識別語言功能會偵測文句的語言類別，例如「今天天氣很好」的語言類別是繁體中文，「今日は天 がいい」的語言類別是日文等。

程式碼：**language1.py**

```
1 import  requests
2
3 subscription_key = " 你的翻譯資源 key"
4 trans_base_url = "https://api.cognitive.microsofttranslator.com/"
5 trans_url = trans_base_url + 'detect?api-version=3.0'
6 headers = {'Ocp-Apim-Subscription-Key': subscription_key}
7 while True:
8     textinput = input(' 輸入文句（直接按 Enter 鍵就結束程式）:')
9     if textinput != '':
10         data    = [{'text' : textinput}]
11         response = requests.post(trans_url, headers=headers, json=data)
12         result = response.json()
13         print(' 輸入文句語言 :' + result[0]['language'])
14         #print(result)
15     else:
16         break
```

程式說明

■ 3　　　　此處需使用翻譯資源的 key。

■ 7-16　　以無窮迴圈讓使用者輸入文句來偵測文句的語言類別。

執行結果：

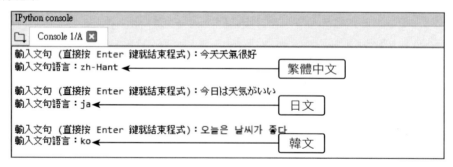

若將第 14 列程式移除註解以顯示傳回值，輸入繁體中文時的傳回值為：

主要語言為繁體中文

```
[{'language': 'zh-Hant', 'score': 1.0, ……
'alternatives':            ←          可能語言
  {'language': 'ja', 'score': 1.0, ……
```

日文

傳回值除了包含最可能的主要語言外 (通常這就是文句的語言)，也在「alternatives」欄位傳回可能的其他語言，因為日文中有漢字，因此傳回值可能包含日文。使用英文時，傳回值會包含更多可能語言。

若是輸入韓文，則僅會傳回韓文，沒有其他可能語言：

```
[{'language': 'ko', 'score': 1.0, ……}]
```

6.4.2 文字翻譯

文字翻譯功能會將文字翻譯為指定語言的文字。系統會自動偵測原始文字的語言類別，使用此功能時只要設定翻譯後的語言即可。

程式碼：translate1.py

```python
1  import  requests
2
3  subscription_key = " 你的翻譯資源 key"
4  trans_base_url = "https://api.cognitive.microsofttranslator.com/"
5  trans_url = trans_base_url + 'translate?api-version=3.0'
6  headers = {'Ocp-Apim-Subscription-Key': subscription_key}
7  params = '&to=en'  # 翻譯為英文
8  while True:
9      textinput = input(' 輸入文句 ( 直接按 Enter 鍵就結束程式 ):')
10     if textinput != '':
11         data    = [{'text' : textinput}]
12         response = requests.post(trans_url, headers=headers,
                   params=params, json=data)
13         result = response.json()
14         print(' 翻譯結果 :' + result[0]['translations'][0]['text'])
15         #print(result)
16     else:
17         break
```

程式說明

- 7　　　　設定翻譯後的語言為英文。
- 14-15　輸入繁體中文的傳回值為：

```
[{'detectedLanguage':
    {'language': 'zh-Hant', 'score': 1.0},   原始文字語言類別
 'translations':[
    {'text': 'The weather is good today', 'to': 'en'}   翻譯結果
  ]
}]
```

由上圖可知翻譯結果存於「result[0]['translations'][0]['text']」。

執行結果：

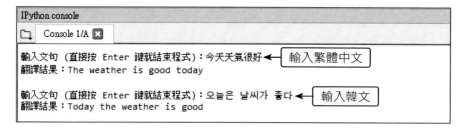

Chapter
07

臉部辨識登入系統：
Azure 臉部辨識應用

7.1 專題方向

「刷臉」就是「人臉比對」,即比較兩張人臉圖片是否為同一個人,這是機器學習相當重要的領域。目前「刷臉」已在許多系統中使用,例如手機使用刷臉開機、公司使用刷臉進行出入管制、行動支付以刷臉判別客戶等。

本專題模擬使用「刷臉」來登入應用程式系統:登入時會自動開啟攝影機拍照,將拍攝的照片與人員群組相片比對,若是人員群組中的人員才允許使用者登入。

專題檢視

本專題首先建立人員群組:將每個人員的圖片上傳到到 Imgur 雲端空間,為簡化資料量,範例中僅上傳 3 個人員,每個人員各 2 張圖片;接著以這些圖片進行訓練建立人員群組。最重要的是刷臉登入系統的程式 (faceLogin.py),執行程式會自動開啟攝影機,影像上會顯示倒數 5 秒數字,使用者可以在 5 秒內按「z」鍵進行拍攝,若使用者未按鍵,5 秒後系統將自動拍攝。拍攝後會以拍攝的照片與人員群組中的圖片比對,如果有相符的圖片就表示使用者是會員,允許登入,否則就拒絕使用者登入。

```
In [1]: runfile('D:/Python機器學習特訓班(第二版)/含
機器學習特訓班(第二版)/含密碼程式/ch07')

登入成功!歡迎 jeng!
```

7.2 Azure 臉部客戶端程式庫

前一章說明的 Azure 機器學習雲端平台功能都是使用 REST API 完成，除了 REST API 之外，Azure 還提供臉部客戶端程式庫 (Face Client Library)，此程式庫具有更完整的臉部識別功能。

7.2.1 人臉偵測

人臉辨識主要分為兩個部分：人臉偵測與人臉比對。人臉偵測較簡單，是偵測取得圖片中人臉的位置，進而框選出人臉。人臉比對就困難很多，是比較兩張人臉是否為同一個人，目前許多手機的「刷臉」開機功能，就是人臉比對的應用。此處使用臉部客戶端程式庫進行人臉偵測，下一小節再示範人臉比對。

安裝 Azure 客戶端程式庫模組

要使用 Azure 臉部客戶端程式庫功能，需先安裝客戶端程式庫模組：開啟命令提示字元視窗，以下列命令安裝：

```
pip install --upgrade azure-cognitiveservices-vision-face
```

另外，需要使用前一章在 Azure 機器學習雲端平台建立的臉部辨別資源，若尚未建立，請參考前一章建立臉部辨別資源，複製臉部辨別資源的資源金鑰及端點網址備用，本章所有程式幾乎都要使用臉部辨別資源的金鑰及端點網址。

使用臉部客戶端程式庫基礎語法

程式中使用 Azure 臉部客戶端程式庫第一步是含入相關模組：

```
from azure.cognitiveservices.vision.face import FaceClient
from msrest.authentication import CognitiveServicesCredentials
```

接著建立臉部資源常數：

```
KEY = '你的 face 服務金鑰'
ENDPOINT = '你的 face 服務金鑰'
```

然後建立臉部客戶端程式庫物件：

```
face_client = FaceClient(ENDPOINT, CognitiveServicesCredentials(KEY))
```

這些基礎語法是本章每個程式都要使用的程式碼。

進行人臉偵測

人臉偵測語法：

```
偵測變數 = face_client.face.detect_with_url(url='圖片網址')
```

圖片必須先上傳到雲端，本章範例使用 Imgur 做為圖片雲端空間。

例如偵測變數為 detected_faces，圖片網址為「https://i.imgur.com/G4cZrJ0.jpg」：

```
detected_faces = face_client.face.detect_with_url(url=
    'https://i.imgur.com/G4cZrJ0.jpg')
```

傳回值是人臉物件串列，例如上面例子圖片包含 2 張人臉，以 「print(detected_faces)」可顯示傳回值為：

```
[<azure.cognitiveservices.vision.face.models._models_py3.
    DetectedFace object at 0x000001F0C0AB12C8>,
 <azure.cognitiveservices.vision.face.models._models_py3.
    DetectedFace object at 0x000001F0C0AB1308>]
```

每 個 人 臉 物 件 主 要 包 含 face_id 及 face_rectangle， 以 「print(str(detected_faces[0]))」可顯示第 1 個人臉物件的內容：

```
{'additional_properties': {},
 'face_id': 'eb63e7f1-e417-4ec8-8bf3-39a4f417c130',
 'recognition_model': None,
 'face_rectangle': <azure.cognitiveservices.vision.face.
  models._models_py3.FaceRectangle object at 0x000001F0C0AB18C8>,
 'face_landmarks': None, 'face_attributes': None}
```

face_id 為代表此人臉的指標，face_rectangle 則包含人臉位置矩形區域資訊，以 「print(str(detected_faces[0].face_rectangle)) 顯示第 1 個人臉的矩形資訊：

```
{'additional_properties': {}, 'width': 135, 'height': 135,
 'left': 140, 'top': 136}
```

left 及 top 為人臉矩形左上角坐標，width 及 height 為人臉矩形的寬度及高度。

程式碼：faceDetect1.py

```
1 from azure.cognitiveservices.vision.face import FaceClient
2 from msrest.authentication import CognitiveServicesCredentials
3 import requests
```

```
 4 from PIL import Image, ImageDraw
 5 from io import BytesIO
 6
 7 KEY = '你的 face 服務金鑰'    #face 服務金鑰
 8 ENDPOINT = '你的 face 服務端點'    #face 服務端點
 9
10 face_client = FaceClient(ENDPOINT,
       CognitiveServicesCredentials(KEY))    #建立客戶端
11 face_image = 'https://i.imgur.com/G4cZrJ0.jpg'    #圖片網址
12 detected_faces = face_client.face.detect_with_url(url=face_image) #偵測人臉
13 #print(detected_faces)    #列印人臉物件串列
14 #print(str(detected_faces[0]))    #列印第 1 個人臉物件
15 #print(str(detected_faces[0].face_rectangle)) #列印第 1 個人臉矩形資訊
16 if not detected_faces:
17     print('未偵測到人臉！')
18 else:
19     #下載圖片檔案
20     response = requests.get(face_image)
21     img = Image.open(BytesIO(response.content))
22     draw = ImageDraw.Draw(img)    #繪製原始圖形
23     #繪製人臉矩形
24     for face in detected_faces:
25         rect = face.face_rectangle
26         left = rect.left
27         top = rect.top
28         right = left + rect.width
29         bottom = top + rect.height
30         draw.rectangle((((left, top), (right, bottom)), outline='red')
31     img.show()    #顯示圖片
```

程式說明

■ 　1-4　　 含入模組。

■ 　7-8　　 建立 face 金鑰及服務端點常數。

■ 　10　　　利用 face 金鑰及服務端點常數建立客戶端物件。

■ 　11-12　 偵測指定圖片中的人臉。

■ 　13-15　 分別顯示偵測人臉物件串列、第 1 個人臉物件、第 1 個人臉矩形資訊。
　　　　　　 要觀察哪一項資訊，可將該列程式第一個字元「#」移除。

■ 　16-17　 未偵測到人臉就顯示訊息告知使用者。

■ 　18-31　 偵測到人臉就將人臉框選出來。

- ■ 20-21 由於圖片是儲存於雲端，這兩列程式將圖片下載到本機。
- ■ 22 繪製圖形。
- ■ 24-30 逐一畫出每一個人臉矩形。
- ■ 25 取得 `face_rectangle` 物件，內含人臉矩形坐標及長寬值。
- ■ 26-30 根據人臉矩形坐標及長寬值繪出紅色矩形。
- ■ 31 顯示圖形。

執行結果：

7.2.2 人臉比對

人臉比對需要兩張圖片，比較這兩張圖片中的人臉是否為同一個人。人臉比對的語法為：

```
比對變數 = face_client.face.verify_face_to_face( 第一張圖片 id, 第二張圖片 id)
```

「圖片 id」是以前一小節「人臉偵測」取得的 face_id 屬性值。

例如比對變數為 verify_face，第一張圖片 id 為 image1_id，第二張圖片 id 為 image2_id：

```
verify_face = face_client.face.verify_face_to_face(image1_id, image2_id)
```

傳回值包含是否為相同人臉及信心指數，例如：

```
{'additional_properties': {}, 'is_identical': True, 'confidence': 0.74663}
```

「is_identica」為 True 表示為相同人臉，False 表示是不同人臉；「confidence」為此次判斷的信心指數。

使用者通常是以 is_identica 值判斷是否為相同人臉，若認為此自動判斷時常出錯，也可利用 confidence 值自行判斷是否為相同人臉。

程式碼：faceVerify2.py

```python
 1 from azure.cognitiveservices.vision.face import FaceClient
 2 from msrest.authentication import CognitiveServicesCredentials
 3
 4 KEY = '你的 face 服務金鑰'
 5 ENDPOINT = '你的 face 服務端點'
 6
 7 face_client = FaceClient(ENDPOINT, CognitiveServicesCredentials(KEY))
 8 face_image1 = 'https://i.imgur.com/y8tXb5t.jpg'
 9 face_image2 = 'https://i.imgur.com/bfhb0ML.jpg'   # 相同人
10 #face_image2 = 'https://i.imgur.com/jFjfgHn.jpg'   # 不同人
11
12 # 取得第一張圖片人臉
13 detected_faces1 = face_client.face.detect_with_url(face_image1)
14 image1_id = detected_faces1[0].face_id
15 # 取得第二張圖片人臉
16 detected_faces2 = face_client.face.detect_with_url(face_image2)
17 image2_id = detected_faces2[0].face_id
18
19 verify_face = face_client.face.verify_face_to_face(image1_id,
      image2_id)   # 人臉比對
20 #print(verify_face)   # 顯示比對結果
21 if verify_face.is_identical:
22     print("兩者為同一人，信心指數：{}".format(verify_face.confidence))
23 else:
24     print("兩者為不同人，信心指數：{}".format(verify_face.confidence))
```

程式說明

- 8-10 　　兩張圖片網址。第二張圖片若使用第 9 列程式，則兩張圖片是相同人的圖片；若使用第 10 列程式，則兩張圖片為不同人的圖片。

- 13 　　偵測第一張圖片中的人臉。

- 14 　　取得第一張圖片人臉的 face_id （因為是要進行人臉比對，因此若有多張人臉時只取第一個人臉）。

- 16-17 　　偵測第二張圖片中的人臉並取得人臉的 face_id。

- 19 　　進行人臉比對。

- 20 　　移除第一個字元「#」可查看比對傳回值。

- 21-24 　　根據「is_identica」傳回值判斷是否為相同人臉並顯示信心指數。

執行結果：

```
In [11]: runfile('D:/Python機器學習特訓班(第二版
wdir='D:/Python機器學習特訓班(第二版)/含密碼程式/
兩者為同一人，信心指數：0.74663
```

```
In [12]: runfile('D:/Python機器學習特訓班(第二版
wdir='D:/Python機器學習特訓班(第二版)/含密碼程式/
兩者為不同人，信心指數：0.28561
```

▲ 相同人圖片　　　　　　　　　　　　　▲ 不同人圖片

7.2.3 尋找類似臉部

「尋找類似臉部」功能是從一張多個人臉的圖片中辨識指定人臉：通常是包含兩張圖片，第一張圖片只有一個人臉，第二張圖片包含多個人臉，「尋找類似臉部」功能是由第二張圖片中找出第一張圖片的人臉。

尋找類似臉部的語法為：

```
類似變數 = face_client.face.find_similar(face_id=
    單一人臉圖片 id, face_ids= 多個人臉圖片 id 串列 )
```

「單一人臉圖片 id」是單一人臉圖片中人臉的 face_id，「多個人臉圖片 id 串列」是多個人臉圖片中每一個人臉的 face_id 組成的串列。

例如類似變數為 similar_faces，單一人臉圖片 id 為 single_face_id，多個人臉圖片 id 串列為 multi_face_ids：

```
similar_faces = face_client.face.find_similar(face_id=single_face_id,
    face_ids=multi_face_ids)
```

傳回值是類似人臉物件串列，例如：

```
[<azure.cognitiveservices.vision.face.models._models_py3.
    SimilarFace object at 0x0000019184CC51C8>]
```

類似人臉物件主要包含 face_id 及 confidence，以 「print(str(similar_faces[0]))」可顯示人臉物件的內容：，例如：

```
{'additional_properties': {},
 'face_id': '3f486360-d66a-49ac-b732-fa77dc03a874',
 'persisted_face_id': None, 'confidence': 0.6545151}
```

face_id 為類似人臉在多個人臉圖片中的人臉指標，confidence 為此次偵測的信心指數。

程式碼：faceSimilar1.py

```
1  from azure.cognitiveservices.vision.face import FaceClient
2  from msrest.authentication import CognitiveServicesCredentials
3  import requests
4  from PIL import Image, ImageDraw
5  from io import BytesIO
6
7  KEY = '你的 face 服務金鑰'
8  ENDPOINT = '你的 face 服務端點'
9
10 face_client = FaceClient(ENDPOINT, CognitiveServicesCredentials(KEY))
11 # 取得單一人臉
12 single_face_image = 'https://i.imgur.com/y8tXb5t.jpg'
13 detected_faces = face_client.face.detect_with_url(url=single_face_image)
14 if not detected_faces:
15     print('單一人臉圖片未偵測到人臉！')
16 else:
17     single_face_id = detected_faces[0].face_id
18     # 取得多個人臉
19     multi_face_image = "https://i.imgur.com/G4cZrJ0.jpg" # 多個人臉含相同人臉
20     #multi_face_image = "https://i.imgur.com/jFjfgHn.jpg"
             # 多個人臉不含相同人臉
21     #multi_face_image = "https://i.imgur.com/bfhb0ML.jpg" # 相同單一人臉
22     detected_faces2 = face_client.face.detect_with_url(url=multi_face_image)
23     if not detected_faces2:
24         print('多個人臉圖片未偵測到人臉！')
25     else:
26         # 取得多張人臉的 ID
27         multi_face_ids = []
28         for face in detected_faces2:
29             multi_face_ids.append(face.face_id)
30         similar_faces = face_client.face.find_similar(face_id=
             single_face_id, face_ids=multi_face_ids) # 尋找類似臉部
31         #print(similar_faces)   # 列印類似人臉物件串列
32         #print(str(similar_faces[0]))   # 列印類似人臉物件內容
33         if len(similar_faces) == 0:
34             print('未偵測到類似人臉！')
35         else:
36             print("找到類似人臉！")
37
38             # 下載圖片檔案
39             response = requests.get(multi_face_image)
```

```
40              img = Image.open(BytesIO(response.content))
41              draw = ImageDraw.Draw(img)
42              for face in similar_faces:
43                  #取得類似人臉
44                  for x in detected_faces2:
45                      if x.face_id == face.face_id:
46                          face_info = x
47                  #畫出矩形
48                  left = face_info.face_rectangle.left
49                  top = face_info.face_rectangle.top
50                  right = left + face_info.face_rectangle.width
51                  bottom = top + face_info.face_rectangle.height
52                  draw.rectangle(((left, top), (right, bottom)),
                        outline='red')
53              img.show()
```

程式說明

■ 12-13   偵測單一人臉圖片。此處圖片如下，方便與多個人臉圖片比對：

■ 14-15   若單一人臉圖片中未偵測到人臉就顯示訊息並結束程式。

■ 17   取得單一人臉圖片中的人臉 face_id。

■ 19-22   偵測多個人臉圖片。19 列為含單一人臉圖片中人臉的多個人臉圖片，
          20 列為不含單一人臉圖片中人臉的多個人臉圖片，21 列圖片只包含一
          個人臉，而此人臉即為單一人臉圖片中人臉。
          若使用 21 列程式圖片，相當於判斷兩張圖片是否為同一個人。

■ 23-24   若多個人臉圖片中未偵測到人臉就顯示訊息並結束程式。

■ 27-29   將多個人臉圖片中偵測的人臉 face_id 加入 multi_face_ids 串列。

■ 30   進行尋找類似臉部偵測。

■ 31-32   移除第一個字元「#」可查看類似人臉物件串列及類似人臉物件內容。

■ 33-34   若未偵測到類似人臉就顯示訊息並結束程式。

■ 39-41 下載並繪製多個人臉圖片。

■ 44-46 逐一比對多個人臉圖片中的 face_id，若與單一人臉圖片的 face_id 相同，該人臉就是類似人臉。

■ 48-52 繪製人臉矩形並顯示圖形。

執行結果：

7.2.4 建立並訓練人員群組

「人員群組 (PersonGroup)」功能是將每一個 「人員 (Person)」 與一組影像產生關聯，然後進行訓練以辨識每個人員。例如一個公司有多個職員，可將每一個職員識為一個「人員」，可請每一個職員提供數張相片，將這些相片組成「人員群組」，Azure 可以訓練此人員群組，往後只要提供相片，人員群組就能判斷是否為本人員群組的「人員」，以及此人員是哪一個職員。本章專題「刷臉登入系統」就是先建立並訓練人員群組，再以攝影機擷取登入者照片，就能判斷登入者是否會員。

建立空的人員群組

建立人員群組的語法為：

```
face_client.person_group.create(person_group_id=人員群組名稱 , name=人員群組名稱 )
```

注意「人員群組名稱」只能使用小寫字母。

使用建立人員群組語法時，若該人員群組名稱已存在會產生錯誤，因此最好先執行刪除人員群組動作，以確保建立空的人員群組。例如建立的人員群組名稱為「group1」：

```
try:
    face_client.person_group.delete(person_group_id='group1', name='group1')
except:
    pass
face_client.person_group.create(person_group_id='group1', name='group1')
```

建立人員並加入圖片

在人員群組中建立人員的語法為：

```
人員變數 = face_client.person_group_person.create(人員群組名稱, 人員名稱)
```

例如在 group1 人員群組中建立 bear 人員，人員變數為 bear：

```
bear = face_client.person_group_person.create('group1', "bear")
```

接著加入人員圖片，語法為：

```
face_client.person_group_person.add_face_from_url(
    人員群組名稱, 人員變數.person_id, 圖片網址)
```

例如在人員變數為 bear 中加入 <https://i.imgur.com/Njs2iFy.jpg> 圖片：

```
face_client.person_group_person.add_face_from_url('group1',
  bear.person_id, 'https://i.imgur.com/Njs2iFy.jpg')
```

一個人員通常會加入多張圖片，可將圖片網址置於串列中，再利用迴圈加入。

訓練人員群組

當所有人員及圖片都加入後，就可以進行人員群組的訓練。訓練人員群組的語法：

```
face_client.person_group.train(人員群組名稱)
```

例如對 group1 人員群組進行訓練：

```
face_client.person_group.train('group1')
```

訓練完成的人員群組即可用來辨識未知圖片中的人臉，是否為此人員群組的「人員」
了！

儲存人員名稱與 person_id 對照表

使用人員群組辨識未知圖片中的人臉時，若為「人員」則傳回該人員的 person_id，
這是一串文數字的組合，如「a915fd0b-527d-……」，無法得知是哪一個人員。
person_id 會在建立人員時產生，我們可以將人員的名稱及 person_id 加入字典中，
然後儲存於檔案，再於使用人員群組辨識未知圖片中人臉的程式讀取此字典，就可
由 person_id 得到人員名稱了！

程式碼：faceGroup1.py

```python
1  from azure.cognitiveservices.vision.face import FaceClient
2  from msrest.authentication import CognitiveServicesCredentials
3  from azure.cognitiveservices.vision.face.models import TrainingStatusType
4  import time
5
6  KEY = ' 你的 face 服務金鑰 '
7  ENDPOINT = ' 你的 face 服務端點 '
8
9  face_client = FaceClient(ENDPOINT, CognitiveServicesCredentials(KEY))
10 PERSON_GROUP_ID = 'ehappygroup'   # 人員群組名稱
11 # 建立空的人員群組
12 try:
13     face_client.person_group.delete(person_group_id=
           PERSON_GROUP_ID, name=PERSON_GROUP_ID)
14 except:
15     pass
16 face_client.person_group.create(person_group_id=
           PERSON_GROUP_ID, name=PERSON_GROUP_ID)
17
18 persondict = {}   # 人員名稱與其 ID 的字典
19 # 建立人員名稱
20 bear = face_client.person_group_person.create(PERSON_GROUP_ID, "bear")
21 bear_images = ['https://i.imgur.com/Njs2iFy.jpg',
       'https://i.imgur.com/rTT89Zf.jpg']
22 persondict['bear'] = bear.person_id
23 david = face_client.person_group_person.create(PERSON_GROUP_ID, "david")
24 david_images = ['https://i.imgur.com/jFjfgHn.jpg',
       'https://i.imgur.com/sTSDxtg.jpg']
25 jeng = face_client.person_group_person.create(PERSON_GROUP_ID, "jeng")
26 persondict['jeng'] = jeng.person_id
27 jeng_images = ['https://i.imgur.com/y8tXb5t.jpg',
       'https://i.imgur.com/bfhb0ML.jpg']
```

```
28 persondict['jeng'] = jeng.person_id
29 # 將人員名稱字典存入檔案
30 f = open('ehappy.txt', 'w')
31 f.write(str(persondict))
32 f.close()
33
34 # 加入人員圖片
35 for image in bear_images:
36     face_client.person_group_person.add_face_from_url(
           PERSON_GROUP_ID, bear.person_id, image)
37 for image in david_images:
38     face_client.person_group_person.add_face_from_url(
           PERSON_GROUP_ID, david.person_id, image)
39 for image in jeng_images:
40     face_client.person_group_person.add_face_from_url(
           PERSON_GROUP_ID, jeng.person_id, image)
41
42 # 訓練人員群組
43 print(' 開始人員群組訓練 ')
44 face_client.person_group.train(PERSON_GROUP_ID)
45 while True:
46     training_status = face_client.person_group.
           get_training_status(PERSON_GROUP_ID)
47     if (training_status.status is TrainingStatusType.succeeded):
48         print(' 訓練完成！ ')
49         break
50     elif (training_status.status is TrainingStatusType.failed):
51         print(' 訓練失敗！ ')
52         break
53     time.sleep(5)
```

程式說明

- 10 設定人員群組名稱。只能使用小寫字母。

- 12-16 建立空的人員群組。

- 18 建立存放人員名稱與其 person_id 的空白字典。

- 20-22 建立 bear 人員、設定 bear 人員圖片串列、加入 bear 人員名稱字典。

- 23-28 分別建立 david 及 jeng 人員。

- 30-32 將人員名稱與其 person_id 的字典存入檔案。

- 35-36 以迴圈加入 bear 人員圖片。

- ■ 37-40　以迴圈加入 david 及 jeng 人員圖片。
- ■ 44　　　進行人員群組訓練。
- ■ 45-53　訓練需一段時間，以無窮迴圈等待訓練完成。
- ■ 46　　　取得目前訓練狀態。
- ■ 47-49　如果訓練成功後就顯示「訓練完成！」並結束程式。
- ■ 50-52　如果訓練失敗就顯示「訓練失敗！」並結束程式。
- ■ 53　　　每 5 秒檢查一次目前訓練狀態。

執行程式後若顯示「訓練完成！」就成功建立人員群組，並產生 <ehappy.txt> 文字檔。<ehappy.txt> 內容為人員名稱與其 person_id 的字典：

```
{'bear': '0cab061c-10bd-42b3-89b3-321c8a461cee',
 'david': '8f996cbb-2e5e-48b8-a543-57695ce0f3f0',
 'jeng': '94c4ad74-dabe-472e-a40f-10d609757829'}
```

7.2.5 使用人員群組

建立且訓練完成人員群組後，就可使用該人員群組來辨識未知圖片中的人臉，是否為該人員群組的人員了！

偵測圖片中的人臉是否為人員群組之人員的語法為：

```
人員變數 = face_client.face.identify( 人臉串列 , 人員群組名稱 )
```

「人臉串列」是在圖片中偵測得到的人臉組成的串列。例如人員變數為 identify_face，人臉串列為 face_ids，人員群組名稱為 group1：

```
identify_face = face_client.face.identify(face_ids, 'group1')
```

傳回值是人員物件串列，以 「print(identify_face)」可顯示傳回值為，例如：

```
[<azure.cognitiveservices.vision.face.models._models_py3.
   IdentifyResult object at 0x0000019184DB47C8>]
```

人員物件包含人員的 person_id，以 「print(identify_face[0].candidates[0].person_id)」可顯示人員 person_id：

```
0cab061c-10bd-42b3-89b3-321c8a461cee
```

接著可由人員名稱與其 person_id 的字典取得人員名稱。

程式碼：faceGroup2.py

```python
1  from azure.cognitiveservices.vision.face import FaceClient
2  from msrest.authentication import CognitiveServicesCredentials
3
4  KEY = ' 你的 face 服務金鑰 '
5  ENDPOINT = ' 你的 face 服務端點 '
6
7  face_client = FaceClient(ENDPOINT, CognitiveServicesCredentials(KEY))
8  PERSON_GROUP_ID = 'ehappygroup'   # 人員群組名稱
9
10 # 由檔案讀入人員名稱與 ID 字典
11 f = open('ehappy.txt', 'r')
12 persondict = eval(f.read())
13 f.close()
14
15 face_ids = []   # 要測試的人臉串列
16 # 取得人臉
17 test_face_image = 'https://i.imgur.com/Njs2iFy.jpg' # 含 bear 圖片
18 #test_face_image = 'https://i.imgur.com/osa4VAo.jpg' # 不含人員圖片
19 #test_face_image = 'https://i.imgur.com/3Q2ykft.jpg' # 含 jeng,david 圖片
20 detected_faces = face_client.face.detect_with_url(url=test_face_image)
21 for face in detected_faces:
22     face_ids.append(face.face_id)
23 # 識別人臉是否在人員群組中
24 identify_face = face_client.face.identify(face_ids, PERSON_GROUP_ID)
25 #print(identify_face)
26 #print(identify_face[0].candidates[0].person_id)
27
28 personNum = 0   # 存人員總數
29 for i, person in enumerate(identify_face):
30     if len(person.candidates) != 0:   # 包含人員
31         list1 = list(persondict.keys())   # 將字典 key 轉為串列
32         n = list(persondict.values()).index(person.
                candidates[0].person_id)   # 由人員 ID 取得串列索引
33         print(' 圖片人臉包含 {}'.format(list1[n]))
34         personNum += 1
35 if personNum == 0:
36     print(' 沒有人員群組中的人員！ ')
```

程式說明

- 11-13　由檔案讀入人員名稱與人員 person_id 字典。
- 17-20　偵測圖片中的人臉。17 列為包含 bear 人員的圖片，18 列為不包含任何人員的圖片，19 列為包含 jeng 及 david 人員的圖片。
- 21-22　將偵測到的人臉加入串列。
- 24　　進行辨識人臉是否在人員群組中。
- 25-26　顯示辨識人臉是否在人員群組中的傳回值及 person_id。
- 28　　personNum 儲存辨識出的人員總數，用以判斷是否有人員存在。
- 29-34　逐一處理傳回的人員物件。
- 31　　取得所有人員名稱串列。
- 32　　「person.candidates[0].person_id」是偵測到的人員 person_id，此列程式由偵測到的人員 person_id 取得在 persondict 串列中的索引。
- 33　　顯示偵測到的人員名稱。
- 34　　辨識出的人員總數加 1。
- 35-36　若沒有辨識出人員就顯示訊息告知。

執行結果：顯示圖片中有 bear 人員。

```
In [1]: runfile('D:/Python機器學習特訓班(第二版)/含密碼程式/ch07/
faceGroup2.py', wdir='D:/Python機器學習特訓班(第二版)/含密碼程式/ch07')
圖片人臉包含 bear
```

若註解第 17 列程式並取消註解第 19 列程式，則顯示圖片中有 jeng 及 david 人員。

```
In [2]: runfile('D:/Python機器學習特訓班(第二版)/含密碼程式/ch07/
faceGroup2.py', wdir='D:/Python機器學習特訓班(第二版)/含密碼程式/ch07')
圖片人臉包含 david
圖片人臉包含 jeng
```

7.3 刷臉登入系統

這是個處處都要「密碼」的時代:線上購物要密碼、手機開機要密碼、大部分網站登入要密碼,一個人擁有數十個密碼是常事,忘記密碼也是常事,更時刻擔心密碼外洩。如果可以用「人臉」做為密碼,一切問題都解決了!

本專題模擬使用「刷臉」來登入應用程式系統:使用前一節建立的 ehappygroup 人員群組,登入時會自動開啟攝影機拍照,將拍攝的照片與人員群組比對,若是會員才允許使用者登入。

7.3.1 擷取攝影機影像

現在到銀行新開戶時會以攝影機 (cam) 拍照建立個人資料,本專題也是使用攝影機拍照的方式取得登入者的圖片。

opencv 有提供攝影機拍照的功能,首先安裝 opencv 模組:在 Anaconda Prompt 視窗中執行以下命令即可安裝完成。

```
pip install opencv-python==4.3.0.36
```

要在程式中使用 OpenCV 程式庫,首先要匯入 OpenCV,語法為:

```
import cv2
```

使用攝影機拍照

筆記型電腦通常都具有攝影功能 (cam),OpenCV 以 VideoCapture 啟動攝影機,語法為:

```
攝影機變數 = cv2.VideoCapture(n, cv2.CAP_DSHOW)
```

「n」為整數,內建攝影機為 0,若還有其他攝影機則依次為 1、2、…等。例如開啟內建攝影機並存於 cap 變數:

```
cap = cv2.VideoCapture(0, cv2.CAP_DSHOW)
```

攝影機是否處於開啟狀態可由 isOpened 方法判斷,語法為:

```
攝影機變數.isOpened()
```

攝影機開啟會傳回 True，攝影機關閉則傳回 False。

攝影機若開啟可用 read 方法讀取攝影機影像，語法為：

```
布林值變數 , 影像變數 = 攝影機變數 .read()
```

■ **布林值變數**：True 表示讀取影像成功，False 表示讀取影像失敗。

■ **影像變數**：若讀取影像成功則將影像存於此變數中。

例如讀取攝影機影像，布林值存於 ret 變數，影像存於 img 中：

```
ret, img = cap.read()
```

最後要以 release 方法關閉攝影機並釋放資源：

```
攝影機變數 .release()
```

取得使用者按鍵

攝影機為動態攝影，要如何取得特定時間的靜態相片呢？可讓使用者按特定鍵，程式就擷取按鍵時的靜態相片。OpenCV 的 waitKey 方法會等待使用者按鍵，同時可取得按鍵的 ASCII 碼，語法為：

```
按鍵變數 = cv2.waitKey(n)
```

按鍵變數儲存按鍵的 ASCII 碼，這是一個 0 到 255 的數值，例如「A」的 ASCII 碼為 65。下面為設定使用者 10 秒內需按鍵，並將傳回的 ASCII 碼存於 key 變數：

```
key = cv2.waitKey(10000)
```

若使用者按「A」鍵，則 key 的值為 65。

Python 的 ord 函式可取得字元的 ASCII 碼，以按鍵變數與字元的 ASCII 碼做比對，就可確認使用者是否按了特定鍵，例如：

```
if key == ord("A"):
```

若結果是 True 表示使用者按了「A」鍵，False 表示使用者按了其他鍵。

程式碼：camPicture.py
```
1 import cv2
2
```

```
 3 cv2.namedWindow("frame")
 4 cap = cv2.VideoCapture(0, cv2.CAP_DSHOW)   # 開啟 cam
 5 while(cap.isOpened()):   # 如果 cam 已開啟
 6     ret, img = cap.read()   # 讀取影像
 7     if ret == True:
 8         cv2.imshow("frame", img)   # 顯示影像
 9         k = cv2.waitKey(100)   # 0.1 秒檢查一次按鍵
10         if k == ord("z") or k == ord("Z"):   # 按下「Z」鍵
11             cv2.imwrite('media/tem.jpg', img)   # 儲存影像
12             break
13 cap.release()   # 關閉 cam
14 cv2.destroyWindow("frame")
```

程式說明

- **3** 建立 OpenCV 視窗。

- **4** 開啟內建攝影機。

- **5** 只要攝影機為開啟狀態就執行此無窮迴圈：通常是等待按鍵，需以無窮迴圈檢查使用者是否按鍵。

- **6** 讀取影像。

- **7-8** 如果讀取成功就在視窗顯示。

- **9** 每隔 0.1 秒檢查一次是否按鍵。

- **10** 使用者可能按大寫或小寫「z」鍵，所以兩者都要檢查。

- **11-12** 存檔後離開檢查攝影機為開啟的無窮迴圈。

- **13-14** 關閉攝影機及 OpenCV 視窗。

執行結果：程式執行後會開啟攝影機，使用者按「z」鍵就拍照，同時將相片存於 <media/tem.jpg> 檔案中。

7.3.2 申請 Imgur 網站 App Token

本專題利用攝影機取得登入者圖片後，要將登入者圖片上傳到 Imgur 雲端空間，才可以進行人員群組比對。以程式上傳圖片到 Imgur，必須申請 Imgur Application，取得 ClientID 及 App Token 才能上傳圖片，申請過程較為繁複，請耐心操作。

安裝 Postman

Postman 是一個模擬 HTTP Request 的工具，其中包含常見的 HTTP 的請求方式，如： GET、POST 等。Postman 的主要功能就是能夠快速的測試 HTTP Request 是否能夠正常請求資料，並得到正確的請求結果。取得 Imgur 的 App Token 過程中需使用 Postman，所以先安裝 Postman 備用。

開啟 Postman 下載網頁「https://www.postman.com/downloads/」，點選 **Download the App** 鈕，再依據電腦規格選取對應版本，此處點選 **Windows 64-bit** 項目。

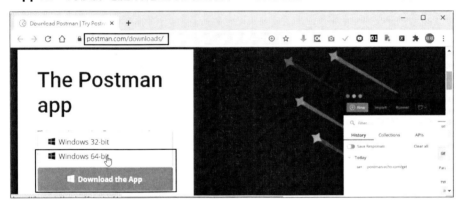

以滑鼠左鍵點按下載的 <Postman-win64-7.33.1-Setup.exe> 兩下就進行安裝，出現下列畫面就安裝完成。

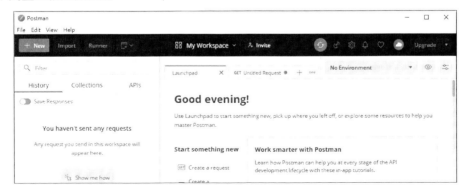

註冊 Imgur App

如果還沒有 Imgur 帳號，請到「https://imgur.com/」網頁按右上角 **Sign up** 鈕註冊一個帳號。

有了 Imgur 帳號後，開啟註冊 Imgur App 的網頁「https://api.imgur.com/oauth2/addclient」：**Application name** 欄位輸入 App 名稱「ehappyapp」，**Authorization type** 欄位核選 **OAuth 2 authorization without a callback URL**，表示不回傳 URL，**Email** 欄位輸入電子郵件，核選 **我不是機器人**，按 **submit** 鈕新增 App。

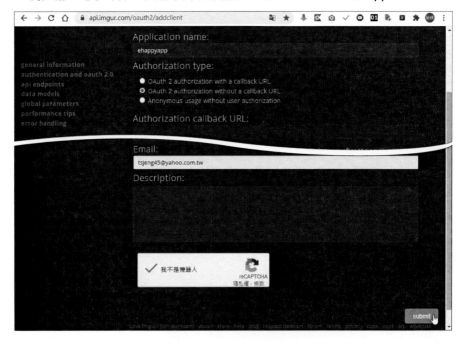

記錄 Client ID 及 Client secret 備用，尤其是 Client secret，離開此頁面後將無法查詢此 Client secret。

點選右上角帳號名稱，於下拉選單點選 **settings** 切換到設定頁面。

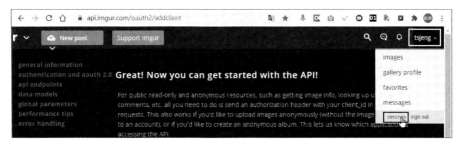

左方點選 **Applications**，右方點選 **Redirect** 欄下方的 **edit**。(如果忘記 **Client secret** 值，可以按 **Client secret** 欄下方的 **generate new secret** 重新產生。)

輸入「https://www.getpostman.com/oauth2/callback」網址後按 **update** 鈕更新重導頁面。

取得 **token**

開啟 Postman，點選 **Create a request**。

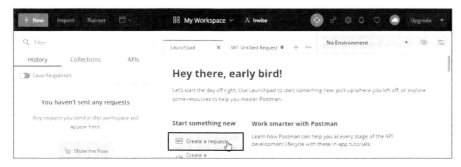

點選 **Auth** 頁籤，於 **TYPE** 下拉選單中選取 **OAuth 2.0** 後按 **Create New Access Token** 鈕產生新的 Token。

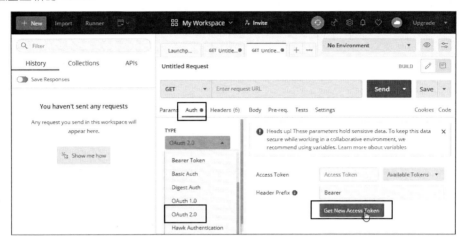

Token Name 欄 位 輸 入 Token 名 稱，**Callback URL** 欄 位 輸 入「https://www.getpostman.com/oauth2/callback」，**Auth URL** 欄 位 輸 入「https://api.imgur.com/oauth2/authorize」，**Access Token URL** 欄 位 輸 入「https://api.imgur.com/oauth2/token」，**Client ID** 及 **Client Secret** 欄位輸入前一步驟產生的 Client ID 及 Client Secret，最後按 **Request Token** 鈕。

接著輸入 Imgur 網站的帳號及密碼後按 **allow** 鈕完成取得 Token 操作。

申請 Token 無法使用社群帳號

如果使用者此處填入社群帳號，按 allow 鈕將無作用，必須以 Imgur 的帳號密碼才能申請 Token。如果沒有 Imgur 帳號就必須註冊一個 Imgur 帳號。

記錄產生的 Access Token，上傳圖片到 Imgur 的程式將使用此 Token。

7.3.3 上傳圖片到 Imgur

取得 Imgur 網站的 ClientID 及 App Token，就能撰寫程式將圖片上傳到 Imgur 了！

上傳圖片到 Imgur 的語法為：

```
圖片回傳變數 = requests.post(
    "https://api.imgur.com/3/upload.json",
    headers = {"Authorization": "Client-ID 你的 Client ID"},
    data = {
     'key': " 你的 App Token",
     'image': b64encode(open(' 圖片路徑 ', 'rb').read()),
     'type': 'base64',
```

```
      'name': '圖片名稱',
      'title': '圖片標題'
    }
)
```

上傳後的回傳訊息主要放在圖片回傳變數的「data」屬性中，可用「json.loads」解析為 JSON 格式，語法為：

```
資料變數 = json.loads(圖片回傳變數.text)['data']
```

下面為回傳值的一個例子：

```
{'id': 'Sa5lUJs',
 'title': 'ehappy_bear1',
 .........
 'link': 'https://i.imgur.com/Sa5lUJs.jpg'}
```

最重要的是最後一個屬性值「link」，這就是圖片上傳後在 Imgur 上的網址。

程式碼：**imgurUpload.py**

```
 1 import json
 2 import requests
 3 from base64 import b64encode
 4
 5 headers = {"Authorization": "Client-ID 你的 Client ID"}
 6 app_token = '你的 App Token'
 7
 8 url = "https://api.imgur.com/3/upload.json"
 9 #上傳圖片
10 try:
11     response = requests.post(
12         url,
13         headers = headers,
14         data = {
15           'key': app_token,
16           'image': b64encode(open('media/bear1.jpg', 'rb').read()),
17           'type': 'base64',
18           'name': 'bear1.jpg',
19           'title': 'ehappy_bear1'
20         }
21     )
22     data = json.loads(response.text)['data']
```

```
23      #print(data])   # 顯示回傳值
24      print(data['link'])   # 圖片網址
25 except:
26      print(' 上傳圖片失敗！')
```

執行結果會顯示上傳後的圖片網址：

```
In [2]: runfile('D:/Python機器學習特訓班(第二版)/含密碼程式/ch07/
imgurUpload.py', wdir='D:/Python機器學習特訓班(第二版)/含密碼程式/ch07')
https://i.imgur.com/ro0xZ3z.jpg
```

將此網址貼在瀏覽器的網址列即可見到上傳的圖片：

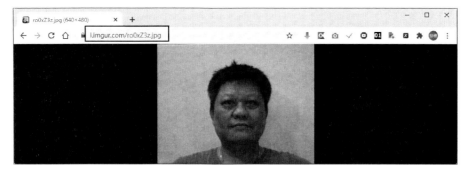

7.3.4 刷臉登入程式

刷臉登入程式會自動開啟攝影機拍照，將拍攝的照片上傳到 Imgur 雲端，然後與人員群組比對，若是會員才允許使用者登入。

本程式會使用前一節建立的 ehappygroup 人員群組，如果尚未建立 ehappygroup 人員群組，請參考前一節內容建立。

程式碼：faceLogin.py

```
1 import json, requests
2 from base64 import b64encode
3 import cv2, time
4 from azure.cognitiveservices.vision.face import FaceClient
5 from msrest.authentication import CognitiveServicesCredentials
6
7 # 取得拍影機圖像
8 timenow = time.time()   # 取得現在時間數值
9 cv2.namedWindow("frame")
10 cap = cv2.VideoCapture(0, cv2.CAP_DSHOW)   # 開啟 cam
```

```
11  while(cap.isOpened()):    #cam 開啟成功
12      count = 5 - int(time.time() - timenow)   #倒數計時 5 秒
13      ret, img = cap.read()
14      if ret == True:
15          imgcopy = img.copy()   #複製影像
16          cv2.putText(imgcopy, str(count), (200,400), cv2.
                FONT_HERSHEY_SIMPLEX, 15, (0,0,255), 35) #在複製影像上畫倒數秒數
17          cv2.imshow("frame", imgcopy)   #顯示複製影像
18          k = cv2.waitKey(100)   #0.1 秒讀鍵盤一次
19          if k == ord("z") or k == ord("Z") or count == 0:
                #按「Z」鍵或倒數計時結束
20              cv2.imwrite("media/tem.jpg", img)   #將影像存檔
21              break
22  cap.release()   #關閉 cam
23  cv2.destroyWindow("frame")
24
25  #上傳圖片到 imgur
26  headers = {"Authorization": "Client-ID 你的 Client ID"}
27  app_token = '你的 App Token'
28  url = "https://api.imgur.com/3/upload.json"
29  try:
30      response = requests.post(
31          url,
32          headers = headers,
33          data = {
34              'key': app_token,
35              'image': b64encode(open('media/tem.jpg', 'rb').read()),
36              'type': 'base64',
37              'name': 'bear.jpg',
38              'title': 'Picture no. 1'
39          }
40      )
41      data = json.loads(response.text)['data']
42
43      KEY = '你的 face 服務金鑰'   #face 服務金鑰
44      ENDPOINT = '你的 face 服務端點'   #face 服務端點
45      face_client = FaceClient(ENDPOINT, CognitiveServicesCredentials(KEY))
46      PERSON_GROUP_ID = 'ehappygroup'   #人員群組名稱
47      #由檔案讀入人員名稱與 ID 字典
48      f = open('ehappy.txt', 'r')
49      persondict = eval(f.read())
50      f.close()
```

```
51      face_ids = []   # 要測試的人臉串列
52      test_face_image = data['link']  # 要登入的人員圖片
53      detected_faces = face_client.face.detect_with_url(url=test_face_image)
54      for face in detected_faces:
55          face_ids.append(face.face_id)
56      # 識別人臉是否在人員群組中
57      results = face_client.face.identify(face_ids, PERSON_GROUP_ID)
58      personNum = 0   # 存人員總數
59      for i, person in enumerate(results):
60          if len(person.candidates) != 0:  # 包含人員
61              list1 = list(persondict.keys())  # 將字典 key 轉為串列
62              n = list(persondict.values()).index(person.
                    candidates[0].person_id)  # 由人員 ID 取得串列索引
63              print(' 登入成功！歡迎 {} ！'.format(list1[n]))
64              personNum += 1
65      if personNum == 0:
66          print(' 登入失敗！你不是會員！ ')
67 except:
68      print(' 上傳圖片失敗！ ')
```

程式說明

■	8	取得目前時間做為倒數計時的起始時間。
■	10-11	成功開啟攝影機。
■	12	取得倒數計時時間：5 減掉目前經過的時間就是倒數計時時間。
■	13-14	成功取得影像。
■	15	複製影像：因為原始影像要做為存檔用，不可破壞，因此複製一份影像做為顯示用，以便在影像上繪製倒數計時的數字。
■	16	在複製的影像上繪製倒數計時數字。
■	17	顯示複製影像。
■	19-21	使用者按「z」或倒數計時結束就將原始影像存檔並跳出迴圈。
■	26-41	將攝影機拍攝的圖片上傳到 Imgur 雲端。
■	48-50	由檔案讀入人員名稱與人員 person_id 字典。
■	52	取得上傳圖片的網址。
■	53	偵測圖片中的人臉。
■	54-55	將偵測到的人臉加入串列。
■	57	進行辨識人臉是否在人員群組中。

- ■ 59-64　逐一處理傳回的人員物件。
- ■ 65-66　若沒有辨識出人員就顯示登入失敗訊息。
- ■ 67-68　若上傳發生錯誤就顯示上傳圖片失敗訊息。

執行結果：執行程式會自動開啟攝影機，影像上會顯示倒數 5 秒數字，使用者可以在 5 秒內按「z」鍵進行拍攝，若使用者未按鍵，5 秒後系統將自動拍攝。拍攝後會以拍攝的照片上傳 Imgur 雲端並與人員群組中的圖片比對，如果有相符的圖片就表示使用者是會員，允許登入，否則就拒絕使用者登入。

```
In [1]: runfile('D:/Python機器學習特訓班(第二版)/含
機器學習特訓班(第二版)/含密碼程式/ch07')

登入成功！歡迎 jeng！
```

自然語言處理：
文字雲與文章自動摘要

8.1 專題方向

自然語言處理 (Natural Language Processing，簡寫為 NLP) 是機器學習的重要應用，且範圍十分廣泛，例如機器翻譯、文字轉語音、文句分詞等。隨著電腦運算速度大幅增加，及網際網路蓬勃發展，自然語言處理的正確率已經可被大多數人接受。本章介紹最近火紅的文字雲及文章摘要兩種自然語言處理，然後搭配網路爬蟲技巧製作實用的專題。

專題檢視

文字雲是關鍵詞的視覺化呈現，將各種關鍵詞的重要性透過字體大小及顏色表現，讓觀看者一眼就能掌握重點。本章專題擷取中時新聞網的新聞內容製作文字雲，讓使用者藉以了解目前新聞中最常出現的字詞。

在目前的網路時代中，每天都會收到五花八門的訊息，需要花費許多時間閱讀。文章自動摘要功能可以幫我們先讀過所有內容，並整理成摘要，我們只要快速瀏覽摘要即可，如此就可節省大量閱讀資訊的時間。本章專題擷取中時新聞網的新聞內容後自動製作摘要，使用者僅需少數時間就可瀏覽當日重要新聞。

▲ 中時新聞網新聞文字雲　　　　　▲ 中時新聞網新聞摘要

8.2 **Jieba 模組**

利用電腦進行文字分析研究的時候，通常需要先將文件中的句子進行斷詞，然後使用「詞」這個最小且有意義的單位來進行分析、整理，所以斷詞可以說是整個文字分析處理最基礎的工作。而 Jieba 模組是目前使用最多，效能最好的中文斷詞工具之一。

Jieba 模組中文名稱為「結巴」。Jieba 模組的作者把這個程式的名字取得很好，因為當我們將一句話斷成詞的時候，念起來就是結結巴巴的，讓人看到模組名稱就能了解模組的用途。

8.2.1 **Jieba 模組基本用法**

要使用 Jieba 模組進行斷詞，必須先安裝 Jieba 模組：開啟 Anaconda Prompt 命令視窗，輸入下列語法安裝 Jieba 模組。

```
pip install jieba==0.39
```

Jieba 模組斷詞的語法為：

```
jieba.cut(要斷詞的文句)
```

執行斷詞後，會傳回一個由文句斷開後產生的「字詞」組成的生成器 (generator)，例如下面程式碼中 breakword 的資料型態為生成器：

```
breakword = jieba.cut('我要喝水')
```

要觀看斷詞後產生的字詞有兩個方法，第一種是將生成器轉換為串列顯示，例如：

```
print(list(breakword))
```

結果為「['我要', '喝水']」。

第二種方法是以字串的「join」方法結合生成器內容後再顯示，例如：

```
print('|'.join(breakword))
```

結果為「我要|喝水」。

第二種方法顯示的字詞較清晰易理解，本書範例皆使用第二種方法。

```
程式碼：jieba1.py
1 import jieba
2
3 sentence = '我今天要到台北松山機場出差！'
4 breakword = jieba.cut(sentence)
5 print('|'.join(breakword))
```

執行結果：

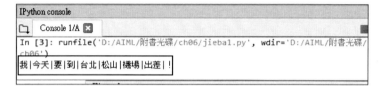

斷詞模式

Jieba 模組的斷詞模式分為三種：

- **精確模式**：將文句以最精準的方式斷詞，適合做為文件分析，這是斷詞模式的預設值。語法為：

```
jieba.cut( 要斷詞的文句 , cut_all=False)
```

- **全文模式**：把句子中所有可以成詞的字詞都掃描出來，速度較快。語法為：

```
jieba.cut( 要斷詞的文句 , cut_all=True)
```

- **搜尋引擎模式**：在精確模式的基礎上對長詞再次切分，適合用於搜尋引擎斷詞。語法為：

```
jieba.cut_for_search( 要斷詞的文句 )
```

下面範例分別以三種模式對相同文句斷詞，並顯示斷詞結果。

```
程式碼：jieba2.py
1 import jieba
2
3 sentence = '我今天要到台北松山機場出差！'
4 breakword = jieba.cut(sentence, cut_all=False)
5 print(' 精確模式：' + '|'.join(breakword))
```

```
 6
 7 breakword = jieba.cut(sentence, cut_all=True)
 8 print(' 全文模式：' + '|'.join(breakword))
 9
10 breakword = jieba.cut_for_search(sentence)
11 print(' 搜索引擎模式：' + '|'.join(breakword))
```

程式說明

■ 4-5　　　以精確模式斷詞。

■ 7-8　　　以全文模式斷詞。

■ 10-11　　以搜尋引擎模式斷詞。

執行結果：

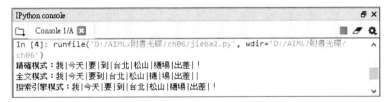

由上面結果可看出全文模式斷詞準確度較精確模式及搜尋引擎模式差。

8.2.2 **更改詞庫**

台灣與大陸使用的字詞存在許多差異，Jieba 模組為大陸公司開發，預設的斷詞依據當然是以大陸的字詞為準。好在 Jieba 模組具備相當大的彈性，可以更換或加入各種詞庫做為斷詞依據，如此就能適用不同地區需求。

預設詞庫

Jieba 模組中並未包含繁體中文詞庫，因此要先下載繁體中文詞庫。

在瀏覽器開啟「https://raw.githubusercontent.com/fxsjy/jieba/master/extra_dict/dict.txt.big」網頁，在網頁中按滑鼠右鍵，於快顯功能表點選 **另存新檔**：

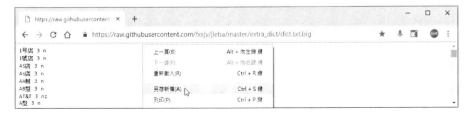

以預設的檔名「dict.txt.big.txt」存檔，就能將繁體中文詞庫存於本機中了！

Jieba 模組設定預設詞庫的語法為：

```
jieba.set_dictionary(預設詞庫檔案路徑)
```

本書將詞庫檔案置於本章範例的 <dictionary> 資料夾中：先複製 <dict.txt.big.txt> 檔案到 <dictionary> 資料夾，然後在程式中以下列語法設定使用繁體中文詞庫，Jieba 模組就會以繁體中文詞庫進行斷詞：

```
jieba.set_dictionary('dictionary/dict.txt.big.txt')
```

程式碼：jieba3.py

```
1 import jieba
2
3 jieba.set_dictionary('dictionary/dict.txt.big.txt')  #設定繁體中文詞庫
4
5 sentence = '我今天要到台北松山機場出差！'
6 breakword = jieba.cut(sentence, cut_all=False)
7 print('|'.join(breakword))
```

程式說明

■ 3　　　　設定預設使用繁體中文詞庫。

執行結果：

此範例與 <jieba1.py> 類似，只是使用的預設詞庫為繁體中文詞庫。在 <jieba1.py> 中，「松山」及「機場」被視為兩個詞，而此處則將「松山機場」視為一個詞，斷詞斷得更精準了！

自訂詞庫

有些字詞屬於「專有名詞」，通常不會包含在預設詞庫中，最常見的就是人名、地名等。例如下面範例包含了人名：

```
程式碼：jieba4.py
1 import jieba
2
3 jieba.set_dictionary('dictionary/dict.txt.big.txt')
4
5 sentence = ' 今天是元旦，總統 ▨▨▨ 發表了元旦文告。'
6 breakword = jieba.cut(sentence, cut_all=False)
7 print('|'.join(breakword))
```

執行結果：

由結果得知 Jieba 模組將人名「蔡英文」拆解為「蔡」及「英文」兩個詞了！

要解決這此問題是加入「自訂詞庫」，Jieba 模組會優先將自訂詞庫定義的字詞視為一個單詞。

自訂詞庫中的單詞格式為：

```
單詞內容 [ 詞頻 ] [ 詞性 ]
```

■ **單詞內容**：詞庫中的單詞，如蔡英文、馬英九、韓國瑜等。

■ **詞頻**：詞頻是一個整數，數值越大表示此單詞越優先被斷詞。此參數可有可無。

■ **詞性**：詞性表示單詞種類，如 n 代表名詞、v 代表動詞等。此參數可有可無。

建立自訂詞庫的方法是在文字編輯器 (如記事本) 中逐一輸入單詞，存檔時務必以 UTF-8 格式存檔，否則執行時會產生錯誤 (記事本預設是以 ANSI 格式存檔)。此處配合後面範例，將檔案命名為「user_dict_test.txt」，存於本章範例的 <dictionary> 資料夾中。

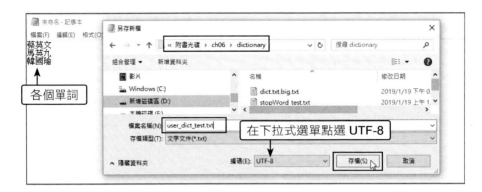

所有詞庫都是文字檔且詞庫文字檔的格式必須是「**UTF-8**」，否則程式執行時會產生下列錯誤訊息：

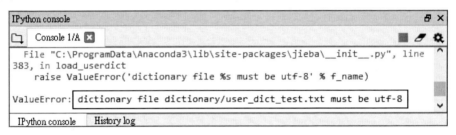

Jieba 模組設定自訂詞庫的語法為：

```
jieba.load_userdict(自訂詞庫檔案路徑)
```

例如設定使用上面建立的 <user_dict_test.txt> 做為自訂詞庫：

```
jieba.load_userdict('dictionary/user_dict_test.txt')
```

程式碼：**jieba5.py**

```
1 import jieba
2
3 jieba.set_dictionary('dictionary/dict.txt.big.txt')
4 jieba.load_userdict('dictionary/user_dict_test.txt')  #設定自訂詞庫
5
6 sentence = ' 今天是元旦，總統蔡英文發表了元旦文告。'
7 breakword = jieba.cut(sentence, cut_all=False)
8 print('|'.join(breakword))
```

程式說明

■ 4　　　　設定使用 <user_dict_test.txt> 做為自訂詞庫。

執行結果：

可看到「蔡英文」已斷為一個單詞了！

8.2.3 加入停用詞

眼尖的讀者可能已經注意到 Jieba 模組進行斷詞時，會把標點符號也視為一個單詞，這並不符合一般的使用習慣。其實不只是標點符號，下一節統計新聞中最常出現的詞語時，一些語助詞、連接詞如「的」、「啊」等，應該都不要視為單詞，否則會形成新聞中最常出現的詞語就是「的」單詞，讓統計變成毫無意義。這些需濾除的單詞稱為「停用詞」。

Jieba 模組並未提供濾除停用詞的功能，必須自行撰寫程式達成。首先以前一小節建立自訂詞庫的方法，在 <dictionary> 資料夾中建立 <stopWord_test.txt> 文字檔，內容為各種全型及半型的標點符號。記得存檔的格式要使用「UTF-8」，否則程式執行時會產生錯誤。

接著要讀取 <stopWord_test.txt> 檔中所有停用詞存於串列中，以便斷詞後的單詞能與停用詞比對，如果是停用詞就將該單詞移除。讀取 <stopWord_test.txt> 檔中所有停用詞存於 stops 串列的程式碼為：

```
with open('dictionary/stopWord_test.txt', 'r', encoding='utf-8-sig') as f:
    stops = f.read().split('\n')
```

注意讀取的編碼格式要使用「encoding='utf-8-sig'」。

因為 Windows 記事本存檔時會自動為文字檔加入文件前端代碼,稱為「BOM」,佔一個字元。這是一個看不見的字元,顯示檔案內容時並不會顯示。如果讀取檔案時沒有移除,將造成 stops 串列的第一個元素值不是「。」(句號),而是 BOM 字元加上「。」,因此並不會移除句號;讀取檔案時若使用「encoding='utf-8-sig'」格式,會自動移除 BOM,使得 stops 串列的第一個元素值為正確停用詞「。」。

程式碼:**jieba6.py**

```
1  import jieba
2
3  jieba.set_dictionary('dictionary/dict.txt.big.txt')
4  jieba.load_userdict('dictionary/user_dict_test.txt')
5  with open('dictionary/stopWord_test.txt', 'r',
      encoding='utf-8-sig') as f:  # 設定停用詞
6     stops = f.read().split('\n')
7
8  sentence = '今天是元旦,總統蔡英文發表了元旦文告。'
9  breakword = jieba.cut(sentence, cut_all=False)
10 words = []
11 for word in breakword:  # 拆解句子為字詞
12    if word not in stops:  # 不是停用詞
13       words.append(word)
14 print('|'.join(words))
```

程式說明

- 5-6　　讀取停用詞內容儲存於 stops 串列。
- 10-14　逐一檢查斷詞後的單詞,移除停用詞。
- 10　　　建一個空串列。
- 12-13　如果單詞不是停用詞就加入空串列中。

執行結果:

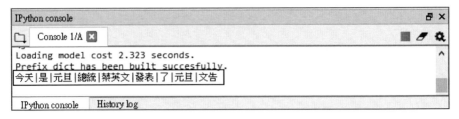

可見到執行結果已沒有標點符號。

8.3 文字雲

文字雲是關鍵詞的視覺化呈現，將各種關鍵詞的重要性透過字體大小及顏色來表現，讓觀看者一目了然。文字雲的形狀可以任意設定，更能增添文字雲千變萬化的魅力。

8.3.1 wordcloud 模組

wordcloud 模組的功能是建立文字雲，有了 wordcloud 模組，只要準備好資料，產生文字雲就是輕而易舉的事了！首先安裝 wordcloud 模組：開啟 Anaconda Prompt 命令視窗，輸入下列語法安裝 wordcloud 模組。

```
pip install wordcloud==1.5.0
```

按字詞頻率排序

繪製文字雲之前，需先對資料進行一些處理：文字雲是以字詞出現的次數做為繪製依據，因此要先將文字資料拆解為字詞，最方便的方法就是以 Jieba 模組進行字詞拆解。例如要處理的文字為：

```
text = '今天是好天氣，屬於晴朗天氣，今天是適合出遊的天氣'
```

以 Jieba 模組拆解後為：(Jieba 模組使用方法參考前一節)

```
今天 | 是 | 好 | 天氣 | ， | 屬於 | 晴朗 | 天氣 | ， | 今天 | 是 | 適合 | 出遊 | 的 | 天氣
```

然後將拆解後的字詞存於串列中 (例如串列名稱為 Words):

```
Words = ['今天', '是', '好', '天氣', '，', '屬於', ……]
```

collections 模組的 Counter 方法可以統計串列中相同元素值出現的次數，Counter 方法的語法為：

```
Counter( 串列 )
```

例如上面 Words 串列進行 Counter 統計：

```
diction = Counter(Words)
```

傳回值是一個 Counter 字典，鍵是「字詞」，值是「次數」，而且會自動以「次數」做遞減排序，即次數出現越多的字詞會排在越前面。例如上面 diction 變數的統計結果為：

```
Counter({' 天氣 ': 3, ' 今天 ': 2, ' 是 ': 2, ' , ': 2, ' 好 ': 1, ……})
```

表示「天氣」出現 3 次，「今天」出現 2 次等。

這樣統計好的資料就可以交給 wordcloud 模組繪製文字雲了！

文字雲的停用詞庫

文字雲是統計文件字詞的使用頻率，其停用詞不僅是標點符號或連接詞而已，一些較無意義的字詞通常也會列為停用詞而排除，例如然而、然後、任何等。此處蒐集了常用的停用詞存於 <stopWord_cloud.txt> 檔中 (共計 1221 個停用詞)，建議讀者製作文字雲時，可使用此停用詞檔。

即使已蒐集了相當數量的停用詞，繪製文字雲時仍可能會有漏網之停用詞，可在繪製之後再視情況加入停用詞。

wordcloud 模組基本語法

要使用 wordcloud 模組，當然要含入 wordcloud 模組：

```
from wordcloud import WordCloud
```

接著建立 Wordcloud 物件，語法為：

```
物件變數 = WordCloud( 參數 1= 值 1, 參數 2= 值 2, ……)
```

Wordcloud 物件的參數很多，其中較重要的有下列三個：

- **background_color**：設定背景顏色。預設的背景顏色是黑色。
- **font_path**：設定使用的文字字型。預設的字型無法使用中文，如果要顯示中文，必須設定為中文字型，同時要包含字型路徑，較方便的方法是將中文字型檔複製到與目前程式相同的路徑，就可直接使用字型。

■ **mask**：設定文字雲形狀。文字雲預設的形狀是長方形，wordcloud 模組允許使用任意圖形做為遮罩繪圖。注意圖形格式必須是 numpy，因此開啟圖形檔後要以「numpy.array」轉換格式。例如以 <heart.png> 圖形檔 (心形) 做為文字雲圖形：

```
import numpy as np
np.array(Image.open("heart.png"))
```

例如建立背景為白色、<msyh.ttc> 中文字型、形狀為心形 (請先將 <msyh.ttc> 及 <heart.png> 檔複製到同一程式資料夾) 的 Wordcloud 物件，物件變數名稱為 wordcloud：

```
font = 'msyh.ttc'
mask = np.array(Image.open("heart.png"))
wordcloud = WordCloud(background_color="white",mask=mask,
    font_path=font)
```

有了 Wordcloud 物件後，就可使用 generate_from_frequencies 方法建立文字雲了，語法為：

```
wordcloud 物件變數 .generate_from_frequencies(frequencies= 資料 )
```

例如以 diction 資料建立文字雲：

```
wordcloud.generate_from_frequencies(frequencies=diction)
```

繪圖及存檔

以 wordcloud 模組產生的文字雲圖形可利用 matplotlib 顯示，語法為：

```
import matplotlib.pyplot as plt
plt.figure(figsize=( 寬度 , 高度 ))
plt.imshow(wordcloud 物件變數 )
plt.axis("off")
plt.show()
```

繪製的圖形可以儲存於檔案保存起來，語法為：

```
wordcloud 物件變數 .to_file( 檔案名稱 )
```

例如將圖形存於 <test_news_Wordcloud.png>：

```
wordcloud.to_file("test_Wordcloud.png")
```

繪製文字雲的文字數量不宜太少，下面範例分析一則新聞報導內容來繪製文字雲 (資料來源存於 <news1.txt> 中，讀者可自行開啟查看)：

程式碼：newsCloud1.py

```
1  from PIL import Image
2  import matplotlib.pyplot as plt
3  from wordcloud import WordCloud
4  import jieba
5  import numpy as np
6  from collections import Counter
7
8  text = open('news1.txt', "r",encoding="utf-8").read() #讀文字資料
9
10 jieba.set_dictionary('dictionary/dict.txt.big.txt')
11 with open('dictionary/stopWord_cloud.txt', 'r',
       encoding='utf-8-sig') as f:  #設定停用詞
12 #with open('dictionary/stopWord_cloudmod.txt',
       'r', encoding='utf-8-sig') as f:  #設定停用詞
13     stops = f.read().split('\n')
14 terms = []   #儲存字詞
15 for t in jieba.cut(text, cut_all=False):   #拆解句子為字詞
16     if t not in stops:   #不是停用詞
17         terms.append(t)
18 diction = Counter(terms)
19
20 font = 'msyh.ttc'  #設定字型
21 #mask = np.array(Image.open("heart.png"))   #設定文字雲形狀
22 wordcloud = WordCloud(font_path=font)
23 #wordcloud = WordCloud(background_color="white",
       mask=mask,font_path=font)   #背景顏色預設黑色，改為白色
24 wordcloud.generate_from_frequencies(frequencies=diction) #產生文字雲
25
26 #產生圖片
27 plt.figure(figsize=(6,6))
28 plt.imshow(wordcloud)
```

```
29 plt.axis("off")
30 plt.show()
31
32 wordcloud.to_file("news_Wordcloud.png")   # 存檔
```

程式說明

■	8	讀取文字檔做為繪製文字雲的資料。
■	10	設定繁體中文預設詞庫。
■	11-13	讀取停用詞。
■	14-17	使用 Jieba 模組拆解字詞。
■	18	計算字詞出現的頻率，並且遞減排序。
■	20	設定中文字型。
■	22	建立 Wordcloud 物件。
■	24	產生文字雲。
■	27-30	顯示文字雲圖形。
■	32	將文字雲圖形存檔。

執行結果：

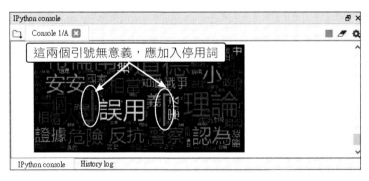

圖中兩個引號沒有意義，可加入停用詞予以去除。開啟 <stopWord_cloud.txt>，在第 1 及 2 列加入兩個引號，另存檔案為 <stopWord_cloudmod.txt>：

在 <newsCloud1.py> 註解 11 列，移除註解 12 列，使用 <stopWord_cloudmod.txt> 做為停用詞庫。

註解 22 列，移除註解 21、23 列，使用白色背景及心形圖案做為文字雲形狀。(修改後的程式為 <newsCloud2.py>)。

再執行程式的結果為：

8.3.2 中時新聞網文字雲

文字雲常用於分析某些特定用途的字詞使用頻率，例如 PTT 某版最受歡迎的主題、某飯店評價最常出現的話語等。本節將使用 BeautifulSoup 模組的爬蟲技巧來擷取中時新聞網的新聞內容製作文字雲，藉以了解目前新聞中最常出現的字詞。

開啟「https://www.chinatimes.com/realtimenews/?chdtv」中時新聞網新聞列表網頁，此頁中有 20 則新聞列表，在第 1 則新聞標題上按滑鼠右鍵，點選 **檢查** 開啟開發人員工具觀察原始碼。

新聞內容的連結網址位於 class 為「article-list」的 section 區塊中，此區塊內 \<a\> 中的「href」屬性就是連結網址，此連結網址是相對路徑 (/realtimenews/20201005003937-260402)，絕對路徑網址需在前方加入伺服器網址「https://www.chinatimes.com」。取得所有新聞內容網址的程式碼為：

```
data1 = sp.select('.article-list a')
for d in data1:
    url = 'https://www.chinatimes.com' + d.get('href')
```

開啟任一則新聞內容網頁，在新聞內容上按滑鼠右鍵，點選 **檢查** 開啟開發人員工具，可見到新聞內容位於 class 為「article-body」的 \<p\> 標籤中，\<p\> 標籤有很多個，沒有內容的 \<p\> 標籤要捨棄。

讀取新聞內容的程式碼為：

```
data1 = sp.select('.article-body p')
for d in data1:
    if d.text != '':
        text_news += d.text
```

繪製中時新聞網新聞內容文字雲的程式為：

程式碼：timesNews.py

```python
1  import requests
2  from bs4 import BeautifulSoup as soup
3  from PIL import Image
4  import matplotlib.pyplot as plt
5  from wordcloud import WordCloud
6  import jieba
7  import numpy as np
8  from collections import Counter
9
10 urls = []
11 url = 'https://www.chinatimes.com/realtimenews/?chdtv'  # 聯合報新聞
12 html = requests.get(url)
13 sp = soup(html.text, 'html.parser')
14 data1 = sp.select('.article-list a')
15 for d in data1:  # 取得新聞連結
16     url = 'https://www.chinatimes.com' + d.get('href')
17     if (len(url)>58) and (url not in urls):
18         urls.append('https://www.chinatimes.com' + d.get('href'))
19
20 text_news = ''
21 i = 1
22 for url in urls:  # 逐一取得新聞
23     html = requests.get(url)
24     sp = soup(html.text, 'html.parser')
25     data1 = sp.select('.article-body p')  # 新聞內容
26     print(' 處理第 {} 則新聞 '.format(i))
27     for d in data1:
28         if d.text != '':  # 有新聞內容
29             text_news += d.text
30     i += 1
31 text_news = text_news.replace(' 中時 ', '').replace(' 新聞網 ', '')
32 jieba.set_dictionary('dictionary/dict.txt.big.txt')
33 with open('dictionary/stopWord_times.txt', 'r',
       encoding='utf-8-sig') as f:  # 設定停用詞
34     stops = f.read().split('\n')
35 terms = []  # 儲存字詞
36 for t in jieba.cut(text_news, cut_all=False):  # 拆解句子為字詞
37     if t not in stops:  # 不是停用詞
38         terms.append(t)
```

```
39 diction = Counter(terms)
40
41 font = r'msyh.ttc'   #設定字型
42 mask = np.array(Image.open("heart.png"))   #設定文字雲形狀
43 unioncloud = WordCloud(background_color="white",mask=mask,
      font_path=font)   #背景顏色預設黑色，改為白色
44 unioncloud.generate_from_frequencies(frequencies=diction) #產生文字雲
45
46 #產生圖片
47 plt.figure(figsize=(6,6))
48 plt.imshow(unioncloud)
49 plt.axis("off")
50 plt.show()
51
52 unioncloud.to_file("times_Wordcloud.png")   #存檔
```

程式說明

- **10-18** 取得所有新聞內容網址。
- **17-18** 取得的網址有重複及非新聞內容網址。

  因為新聞內容網址格式為「https://www.chinatimes.com/real timenews/20201005003937-260402」，因此需檢查網址長度大於 58 且不重複才加入串列。

- **20-31** 取得所有新聞內容。
- **26** 處理需花費一段時間，此列顯示正在處理第幾則新聞。
- **31** 每則新聞最後會有「中時」或「中時新聞網」文字，因此將其移除。
- **32-39** 資料預處理：拆解為字詞並計算出現頻率及排序。
- **33** 停用詞庫為 <stopWord_cloud.txt> 再加上本範例特有停用詞成 為 <stopWord_times.txt>。
- **41-44** 繪製文字雲。
- **47-52** 顯示文字雲及存檔。

執行結果：

8.4 文章自動摘要

在目前的網路時代中，每天都會收到五花八門的訊息，需要花費許多時間閱讀。文章自動摘要功能可以幫我們讀過所有內容，並整理成摘要，那我們就只要快速瀏覽摘要即可，如此就可節省大量閱讀資訊的時間。

8.4.1 文章自動摘要原理

文章自動摘要就是要使用文章內部分句子來代表整個文章，所以要選擇那些擁有最多與文章內容相關之字詞的句子。要如何決定這些文句呢？

首先，根據中心句概念理論，文章開始位置及每個段落開始位置的句子是中心句的機率很高，可優先考慮這些位置的句子。

另外，分析後發現文章中某個句子和大部分句子表達的意思很相近，那麼這個句子就很適合作為摘要。

文章自動摘要的主體是建立一個計算句子權重的函式，此函式包含關鍵詞數量、句子位置及句子相似度，計算文章中所有句子的權重，然後遞減排序 (較重要句子排在前面)，擷取使用者指定的句子數量。擷取的句子就是文章自動摘要的內容，再依據它們在原文中的先後順序再次進行排序輸出。

<AutoSummary.py> 模 組 是 參 考「https://github.com/wangle1218/nlp-demo/tree/master/text-summarization」修改而成，可對文章進行自動摘要。使用時將其複製到 python 程式資料夾，再於程式中載入即可。

<AutoSummary.py> 模組包含下列方法：

■ **split_sentence(text, punctuation_list='!?。！？')**：功能是按指定的標點符號分割句子。參數「text」是文章內容，「punctuation_list」是標點符號列表，預設值為「!?。！？」。

傳回值有兩個：第一個傳回值是分割後的句子串列，第二個傳回值是句子索引及句子內容組成的字典資料。

■ **get_tfidf_matrix(sentence_set,stop_word)**：功能是移除停用詞並轉換為 tf-idf 矩陣。參數「sentence_set」是文章分割後的句子串列，「stop_word」是停用詞庫。

傳回值是 tf-idf 矩陣資料。

tf-idf (term frequency–inverse document frequency) 是一種用於資訊檢索與文字挖掘的常用加權技術。tf-idf 是一種統計方法，用以評估一個字詞對於一個檔案的重要程度。字詞的重要性會隨著它在檔案中出現的次數成正比增加。此模組的 tf-idf 計算是使用 sklearn 模組取得。

■ **get_sentence_with_words_weight(tfidf_matrix)**：功能是計算句子包含關鍵詞的權重。參數「tfidf_matrix」是 tf-idf 矩陣。

傳回值是句子包含關鍵詞權重的字典。

■ **get_sentence_with_position_weight(sentence_set)**：功能是計算句子的位置權重。參數「sentence_set」是文章分割後的句子串列。

傳回值是句子位置權重的字典。

■ **get_similarity_weight(tfidf_matrix)**：功能是計算句子的相似度權重。參數「tfidf_matrix」是 tf-idf 矩陣。

傳回值是句子相似度權重的字典。

■ **ranking_base_on_weigth(sentence_with_words_weight,sentence_with_position_weight,sentence_score, feature_weight = [1,1,1])**：功能是計算句子的總體權重並遞減排序。參數「sentence_with_words_weight」是句子包含關鍵詞的權重，「sentence_with_position_weight」是句子位置的權重，「sentence_score」是句子相似度的權重，「feature_weight」是前面三種權重的比例，預設值為「1:1:1」。

傳回值是遞減排序的總體權重。

■ **get_summarization(sentence_with_index,sort_sent_weight,topK_ratio =0.3)**：功能是取得文章摘要內容。參數「sentence_with_index」是句子索引及句子內容組成的字典，「sort_sent_weight」是遞減排序的句子總體權重，「topK_ratio」是摘要佔原始文章的比例。

傳回值是文章摘要內容。

8.4.2 文章自動摘要範例

本節以一篇人物專訪為例，示範如何進行文章自動摘要。請先將 <AutoSummary.py> 複製到 <summary1.py> 所在的資料夾中。

程式碼：**summary1.py**

```
 1 import AutoSummary as ausu
 2
 3 content = 'issue1.txt'
 4 with open(content, 'r', encoding='utf8') as f:  #讀取原始文章
 5     text = f.read()
 6
 7 stops = []
 8 with open('dictionary/stopWord_summar.txt','r',
     encoding='utf8') as f:  #停用詞庫
 9     for line in f.readlines():
10         stops.append(line.strip())
11
12 sentences,indexs = ausu.split_sentence(text)   #按標點分割句子
13 tfidf = ausu.get_tfidf_matrix(sentences,stops)     #移除停用詞並轉換為矩陣
14 word_weight = ausu.get_sentence_with_words_weight(tfidf)
       #計算句子關鍵詞權重
15 posi_weight = ausu.get_sentence_with_position_weight(sentences)
       #計算位置權重
16 scores = ausu.get_similarity_weight(tfidf)   #計算相似度權重
17 sort_weight = ausu.ranking_base_on_weigth(word_weight, posi_
     weight, scores, feature_weight = [1,1,1])   #按句子權重排序
18 summar = ausu.get_summarization(indexs,sort_weight,
     topK_ratio = 0.1)   #取得摘要
19 print('原文:\n', text)
20 print('========================================================')
21 print('摘要:\n',summar)
```

程式說明

- 1　　　　含入 <AutoSummary.py> 模組。

- 3-5　　　讀取原始文章內容。

- 7-10　　讀取停用詞庫。

- 12　　　按照標點符號分割句子。

- 13　　　移除停用詞並轉換為 tf-idf 矩陣。

- ■ 14-16　分別計算句子包含關鍵詞權重、位置權重及相似度權重。
- ■ 17　　　計算句子總權重並遞減排序。
- ■ 18　　　依傳入參數取得佔原文比例的摘要。
- ■ 19-21　分別列印原始文章及摘要，讓使用者做對照。

執行結果：

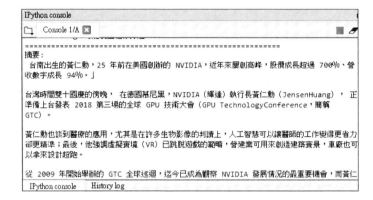

8.4.3 文章自動摘要應用：中時新聞網新聞摘要

擷取一系列文章做成摘要以節省使用者閱讀時間，是文章自動摘要功能的重要應用。前一節我們擷取了中時新聞網新聞內容製作文字雲，本應用範例則將擷取的新聞內容自動製作摘要，方便使用者閱讀。

```
程式碼：summary_times.py
1 import AutoSummary as ausu
2 import requests
3 from bs4 import BeautifulSoup as soup
4
5 stops = []
6 with open('dictionary/stopWord_summar.txt','r',
      encoding='utf8') as f:   #停用詞庫
7     for line in f.readlines():
8         stops.append(line.strip())
9
10 urls = []
11 url = 'https://www.chinatimes.com/realtimenews/?chdtv'  #聯合報新聞
12 html = requests.get(url)
13 sp = soup(html.text, 'html.parser')
```

```
14 data1 = sp.select('.article-list a')
15 for d in data1:  #取得新聞連結
16     url = 'https://www.chinatimes.com' + d.get('href')
17     if (len(url)>58) and (url not in urls):
18         urls.append('https://www.chinatimes.com' + d.get('href'))
19
20 i = 1
21 for url in urls:  #逐一取得新聞
22     html = requests.get(url)
23     sp = soup(html.text, 'html.parser')
24     data1 = sp.select('.article-body p')  #新聞內容
25     print('處理第 {} 則新聞'.format(i))
26     text = ''
27     for d in data1:
28         if d.text != '':  #有新聞內容
29             text += d.text
30
31     sentences,indexs = ausu.split_sentence(text)  #按標點分割句子
32     tfidf = ausu.get_tfidf_matrix(sentences,stops) #移除停用詞並轉換為矩陣
33     word_weight = ausu.get_sentence_with_words_weight(tfidf)
           #計算句子關鍵詞權重
34     posi_weight = ausu.get_sentence_with_position_
           weight(sentences)  #計算位置權重
35     scores = ausu.get_similarity_weight(tfidf)  #計算相似度權重
36     sort_weight = ausu.ranking_base_on_weigth(word_weight,
           posi_weight, scores, feature_weight = [1,1,1])
37     summar = ausu.get_summarization(indexs,sort_weight,
           topK_ratio = 0.3)  #取得摘要
38     print(summar)
39     print('=======================================================')
40     i += 1
```

程式說明

■　5-8　　讀取停用詞庫。

■　10-18　取得所有新聞內容網址。

■　20-40　逐一取得新聞進行摘要。

■　22-29　取得新聞內容。

■　31-37　進行文章內容摘要。

- 37　　　「topK_ratio」參數是擷取原始文章的比例。由於新聞內容多寡差異很大，參數值較大則擷取的內容較多，閱讀時間較長；參數值較小則有些新聞擷取不到摘要　（傳回空字串），使用者可以自行測試以取得較佳比例數值。

- 38-39　顯示新聞摘要並以「等號」分隔。

執行結果：

```
================================================
處理第 16 則新聞
對於內政部預計明年7月全面換發數位身分證，台灣數授協會今天呼籲政府應以人權及國安為重，宜先透
過立法或修法程序，釐清各種資安及隱私風險疑慮後再推動數位身份證。
================================================
處理第 17 則新聞
倫元投顧分析師陳學進表示，台股5日開高震盪收紅，終場上漲32.67點，漲幅0.26%，收在12548.28
點；櫃檯指數同步上揚0.78點，漲幅0.48%，收在162.83點；三大法人進出方面，外資續買3.15億
元，投信轉賣1.46元，自營商續買19.44億元，惟外資法人於台指期減碼4,145口多單，累計淨多單部位
為24,809口，心態呈現謹慎中性偏多。
================================================
處理第 18 則新聞
目前已初具「上飄楔」之雛型，預估後市仍將持續上攻。台股方面，可留意上方位於月線12,637.7點初
步反壓力道的大小，若可成功站上月線，則上攻續航力可望增強。距離美國總統大選之日剩下一個月時
間，上周舉辦的首場辯論會結束後，驚傳美國總統川普伉儷2日確診新冠肺炎，消息震驚市場。目前除關
注美國總統大選選情發展外，川普病情的後續狀況，亦成為市場矚目焦點，目前川普仍在馬里蘭州華特
里德醫院治療中，白宮醫師團隊強調，川普復原狀況良好，最快5日就能離開醫院。
================================================
處理第 19 則新聞
此外，大盤領先指標的櫃買指數也相繼失守月線與季線，若能重回165點將是轉強訊號。
================================================
處理第 20 則新聞
華冠投顧分析師丁彥鈞表示，台股中秋連假後第一個交易日，早盤順利延續上周走勢開高強彈，但追價
意願明顯不足，盤中在缺乏量能的情況下震盪走低，終場小漲32點，以12,548點作收。
================================================
```

Memo

Chapter 09

語音辨識應用：
YouTube 影片加上字幕

9.1 專題方向

YouTube 是目前全世界最大的影音平台，將個人影片上傳到 YouTube 已成為許多人日常生活的一部分，因此產生了製作 YouTube 影片字幕的需求。製作影片字幕涉及語音辨識 (語音轉文字) 及建立影片時間軸，本專題以語音辨識模組 (SpeechRecognition 模組) 將語音轉換為文字，再利用字幕製作軟體 (Aegisub) 建立影片時間軸將文字加入影片中。

專題檢視

首先將影片上傳到 YouTube，然後由 YouTube 下載影片的語音檔，下載的語音檔為 MP3 格式，語音辨識模組只能辨識 WAV 格式語音檔，所以需將下載的語音檔轉換為 WAV 格式。

接著將語音檔分割為長度 30 秒的小語音檔，讓語音辨識模組轉換為文字，再將所有辨識文字結合成一個文字檔。由於部分辨識結果可能有錯誤，必須播放語音檔進行影片文字的修正。

開啟 Aegisub 字幕製作軟體，根據影片時間軸逐句加入影片文字，就可完成影片字幕製作，最後將字幕上傳到 YouTube 即可。

9.2 **語音辨識**

語音辨識（speech recognition）技術，其功能是使用電腦自動將人類的語音內容轉換為相應的文字。

語音辨識技術的應用包括語音撥號、語音導航、室內裝置控制、簡單的聽寫資料等。目前語音辨識的正確率已達到相當不錯的水準，可為多數人接受。

9.2.1 **SpeechRecognition 模組**

要在程式中進行語音辨識，必須先安裝 SpeechRecognition 模組：開啟 Anaconda Prompt 命令視窗，輸入下列語法安裝 SpeechRecognition 模組。

```
pip install SpeechRecognition==3.8.1
```

程式中首先要含入 SpeechRecognition 模組：

```
import speech_recognition as sr
```

接著建立 SpeechRecognition 物件，語法為：

```
SpeechRecognition 物件變數 = sr.Recognizer()
```

例如建立變數名稱為「r」的 SpeechRecognition 物件：

```
r = sr.Recognizer()
```

SpeechRecognition 物件的 record 方法可以讀取語音檔，語法為：

```
with sr.WavFile( 語音檔路徑 ) as 檔案變數 :
    語音變數 = SpeechRecognition 物件變數 .record( 檔案變數 )
```

例如語音檔路徑為 <record1.wav>，語音變數為 audio：

```
with sr.WavFile("record1.wav") as source:
    audio = r.record(source)
```

SpeechRecognition 模組支援的語音檔格式有 WAV、AIFF 及 FLAC。

最後一個步驟就是使用 SpeechRecognition 物件的 recognize_google 方法進行語音辨識了,語法為:

```
SpeechRecognition 物件變數 .recognize_google( 語音變數 [, language= 語系 ])
```

SpeechRecognition 模組預設的辨識語言為英語,若要辨識中文則要加上參數「language="zh-TW"」。例如語音變數為 audio,以中文辨識的語法為:

```
r.recognize_google(audio, language="zh-TW")
```

下面範例辨識中文語音檔 <record1.wav>,請將此語音檔置於 <voiceReg1.py> 檔相同的資料夾中。

程式碼:voiceReg1.py

```
 1 import speech_recognition as sr
 2
 3 r = sr.Recognizer()   # 建立語音辨識物件
 4 with sr.WavFile("record1.wav") as source:   # 讀取語音檔
 5     audio = r.record(source)
 6
 7 print(' 開始翻譯 ...')
 8 try:
 9     text = r.recognize_google(audio, language="zh-TW") # 辨識結果
10     print(text)
11 except sr.UnknownValueError:
12     print("Google Speech Recognition 無法辨識此語音! ")
13 except sr.RequestError as e:
14     print(" 無法由 Google Speech Recognition 取得結果; {0}".format(e))
15 print(' 翻譯結束! ')
```

程式說明

- ■ 1 　　　含入 SpeechRecognition 模組。
- ■ 3 　　　建立 SpeechRecognition 物件。
- ■ 4-5 　　讀取語音檔。
- ■ 9-10 　　產生辨識文字並顯示。
- ■ 11-14 　若產生錯誤則顯示錯誤訊息。

執行結果：

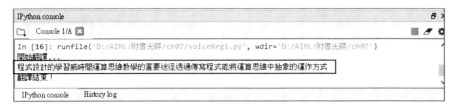

9.2.2 由 YouTube 取得語音檔

現代人的生活已和 YouTube 密不可分，許多人會上傳影片到 YouTube，因此產生了大量製作 YouTube 影片字幕的需求。雖然 YouTube 平台有製作字幕的功能，但其操作介面非常陽春且費時，本章提供半自動製作字幕的方法。

第一步是將影片上傳到 YouTube 平台：

開啟 YouTube 首頁「https://www.youtube.com/?gl=TW&hl=zh-TW」，按右上角 **登入者圖示**，點選 **您的頻道** 登入管理頁面。於管理頁面按 後點選 **上傳影片**。

按 圖示開啟選擇檔案對話方塊，選取本章範例資料夾中 <python1.mp4> 影片檔後按 **開啟** 鈕，等檔案上傳及處理完畢後，填寫 **詳細資訊** 頁面的影片標題及說明，按右下角 **下一步** 鈕繼續。

目標觀眾 頁面核選 **否，這不是為兒童打造的影片** 後按 **下一步** 鈕。**影片元素** 頁面直接按 **下一步** 鈕。**瀏覽權限** 頁面依需要核選，此處核選 **公開** 表示所有人皆可觀看影片，按 **發布** 鈕完成影片上傳及發布。

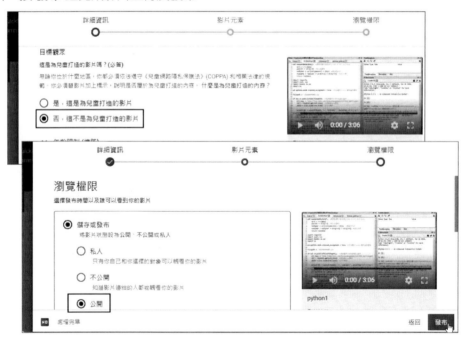

影片已發布 頁面顯示影片標題及影片網址，使用影片網址即可觀看影片。

下載語音檔

以影片檔網址開啟網頁：「https://www.youtube.com/watch?v=t2KiHCC8jD4」。
修改網址列文字：移除「ube」三個字母使網址列成為「https://www.yout.com/
watch?v=t2KiHCC8jD4」，按 **Enter** 鍵開啟下載頁面。於下載頁面 **格式** 欄點選 **MP3
(音頻)**，再按 **格式轉移到 MP3** 鈕，經過十餘秒等待，就會下載語音檔 <python1.
mp3>。

由於 SpeechRecognition 模組無法辨識 MP3 格式語音檔，請先轉換為 WAV 格式檔
案 <python1.wav>。(轉換語音格式的軟體非常多，例如「格式工廠」。)

9.2.3 建立影片文字檔

SpeechRecognition 模組的辨識方法是將語音檔傳送到 Google 伺服器進行辨識，辨識完成後再將結果傳回。這種方式有一個很大的問題：通常語音檔案都很龐大，如果語音檔在傳送過程中出問題，之前的內容就都會消失不見。解決之道是採取分段的方法，將語音檔分割為較短的數段，就可以減少出錯的機會。

另外，根據實測，將語音檔分割辨識再將結果結合，其辨識結果會較直接辨識一個較大語音檔的結果準確。

pydub 模組

pydub 模組可以將一段較長的語音檔依照指定時間長度分割為較小語音檔。開啟 Anaconda Prompt 命令視窗，輸入下列語法安裝 pydub 模組。

```
pip install pydub==0.23.0
```

程式中含入 pydub 模組的語法為：

```
from pydub import AudioSegment
from pydub.utils import make_chunks
```

AudioSegment 是用來讀取語音檔，make_chunks 是用於分割語音檔。

使用 pydub 模組讀取語音檔的語法為：

```
語音檔變數 = AudioSegment.from_file( 檔案路徑 , 語音格式 )
```

例如讀取 <python1.wav> 檔存於 audiofile 變數中：

```
audiofile = AudioSegment.from_file("python1.wav", "wav")
```

使用 pydub 模組進行語音檔分割的語法為：

```
分割串列變數 = make_chunks( 語音檔變數 , 單檔時間長度 )
```

「單檔時間長度」的單位為「毫秒」。例如分割 audiofile 語音檔變數為長度 20 秒的小語音檔，分割後的小語音檔存於 chunklist 變數中：

```
chunklist = make_chunks(audiofile, 20000)
```

最後是將分割的小語音檔存檔的語法：

```
for 單一分割變數 in 分割串列變數:
    單一分割變數.export(檔案名稱, format=語音格式)
```

分割檔案語音辨識

下面範例是將前一小節的 <python1.wav> 語音檔分割為每段 30 秒的小語音檔，然後分別對這些小語音檔進行語音辨識，再將所有辨識結果結合成單一文字檔。

程式碼：voiceReg2.py

```python
 1 from pydub import AudioSegment
 2 from pydub.utils import make_chunks
 3 import speech_recognition as sr
 4 import shutil, os
 5
 6 os.mkdir('temdir')
 7 audiofile = AudioSegment.from_file("python1.wav", "wav") #讀語音檔
 8 chunklist = make_chunks(audiofile, 30000)   # 切割語音檔
 9 #儲存分割後的語音檔
10 for i, chunk in enumerate(chunklist):
11     chunk_name = "temdir/chunk{0}.wav".format(i)
12     print ("存檔:", chunk_name)
13     chunk.export(chunk_name, format="wav")
14
15 r = sr.Recognizer()   #建立語音辨識物件
16 print('開始翻譯...')
17 file = open('python1_sr.txt', 'w')   #儲存辨識結果
18 for i in range(len(chunklist)):
19     try:
20         with sr.WavFile("temdir/chunk{}.wav".format(i)) as source:
21             audio = r.record(source)
22         result = r.recognize_google(audio, language="zh-TW") #辨識結果
23         print('{}. {}'.format(i+1, result))
24         file.write(result)
25     except sr.UnknownValueError:
26         print("Google Speech Recognition 無法辨識此語音！")
27     except sr.RequestError as e:
28         print("無法由 Google Speech Recognition 取得結果; {0}".format(e))
29 file.close()
30 print('翻譯結束！')
31 shutil.rmtree('temdir')   #移除分割檔
```

程式說明

- ■ 6 及 31　第 6 列建立 `<temdir>` 資料夾儲存分割的小語音檔，全部處理完後於 31 列將 `<temdir>` 資料夾移除。
- ■ 7　　　讀取語音檔。
- ■ 8　　　將原始語音檔切割為 30 秒長度的小語音檔。
- ■ 10-13　將小語音檔存檔，並且顯示小語音檔檔案訊息。
- ■ 17　　　建立 `<python1_sr.txt>` 檔儲存辨識結果。
- ■ 18-28　逐一對分割後的小語音檔進行語音辨識。
- ■ 23　　　顯示辨識結果。
- ■ 24　　　將辨識結果寫入檔案。

執行結果：

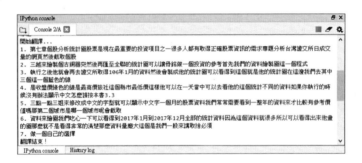

所有辨識結果都存於 `<python1_sr.txt>` 檔中。

修改辨識結果檔案

以文字編輯軟體 (如記事本) 開啟辨識結果檔案 `<python1_sr.txt>`，可發現是一連串的文字，沒有標點符號也沒有分行，辨識結果也有一些錯誤，必須人工修正。

使用語音播放軟體 (如下圖為 Full Player) 開啟 `<python1.wav>`，在桌面上讓文字編輯軟體及語音播放軟體並列且不互相重疊 (參考下圖)，方便在兩軟體間切換。播放語音檔比對 `<python1_sr.txt>` 檔中文字是否正確，若有錯誤就暫停聲音播放，並且修正文字。在適當位置對文句斷行，每一列文字就是影片中一段字幕。等全部修正完畢，將文字檔另存為 `<python1.txt>`。

9.3 影片字幕製作軟體：Aegisub

Aegisub 是一套免費、中文化、跨平台、開放原始碼的，功能強大的影片字幕製作軟體。Aegisub 內建影片即時預覽功能，可以選擇字幕樣式及特效，支援的字幕格式有 ASS、SSA、SRT、TTXT 及 SUB。

9.3.1 安裝 Aegisub

在瀏覽器開啟 Aegisub 官方網站「http://www.aegisub.org/」，於 **Downloads** 項目點選 **Windows** 的 **Full install** 就會下載安裝檔。

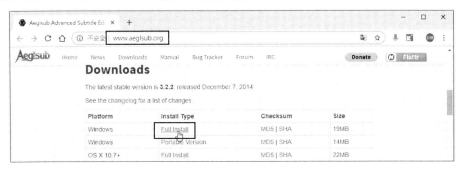

以滑鼠左鍵快速點擊下載的 <Aegisub-3.2.2-32.exe> 兩下執行安裝：在 **Select Setup Language** 對話方塊的下拉式選單點選 **繁體中文** 後按 **OK** 鈕，按 3 次 **下一步** 鈕，再按 **安裝** 鈕開始安裝，一段時間後按 **完成** 鈕就結束安裝程序並開啟 Aegisub 應用程式。

啟動 Aegisub 應用程式的方法：如果 Aegisub 已啟動，請先關閉。執行 **開始 / Aegisub** 就可啟動 Aegisub 應用程式。

先調整一些 Aegisub 設定值：執行功能表 **檢視 / 選項**，於 **偏好設定** 對話方塊左方點選 **音訊**，右方取消核選 **滑動條上顯示關鍵影格**。

左方點選 **視訊**，右方將 **快速步進影格數** 增為「15」。左方點選 **備份**，右方取消核選 **自動儲存** 及 **自動備份** 項目的 **啟用**，最後按 **確認** 鈕完成設定。

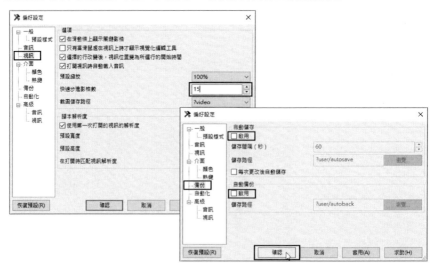

9.3.2 **製作字幕**

Aegisub 的功能非常強大，不但可快速使用拖拉方式製作字幕，還可為字幕設定各種樣式。但 YouTube 並不支援字幕樣式，所以此處僅製作一般字幕即可。

首先以文字編輯軟體 (如記事本) 開啟 <python1.txt>，再啟動 Aegisub 應用程式，在桌面上讓文字編輯軟體及 Aegisub 並列且不互相重疊，方便從文字編輯軟體複製文字到 Aegisub 中。

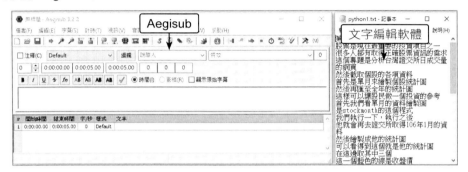

於 Aegisub 執行功能表 **視訊 / 打開視訊**，於 **打開視訊檔** 對話方塊點選本章範例 <python1.mp4> 檔後按 **開啟** 鈕，系統會載入影片，並自動將影片與聲音分離。

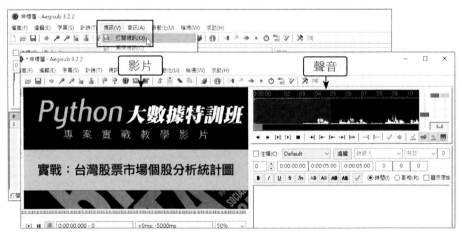

調整編輯畫面

預設影片佔的畫面太大，於影片大小調整下拉式選單點選「**25%**」縮小畫面。聲音部分預設是顯示頻譜，為了方便製作字幕時判斷完整句子的聲音位置，需改為顯示波形。執行功能表 **音訊 / 顯示波形**。

預設的波形太小，調整到適當大小：將垂直波形調整鈕移到最上方，即呈現最大波形；水平波形調整鈕移到適當位置 (可參考下圖)，讓波形達到最容易辨識的狀態。

製作字幕

複製 <python1.txt> 檔第一列文字，貼入 Aegisub 字幕編輯區，此文字會顯示於下方字幕資訊區。波形在沒有人聲的地方，顯示為一直線，可清楚的顯示人聲的起點與終點。在下圖位置 (開始有聲音處) 按一下滑鼠左鍵做為此段字幕起點。

由此段字幕的長度參考波形可揣測字幕最可能的聲音結束位置，在判斷的波形結束
位置按一下滑鼠左鍵做為此段字幕結束位置。

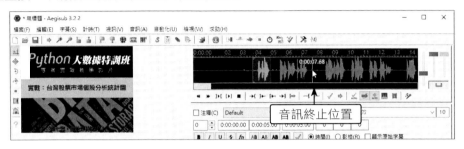

波形區的紅色線為字幕起點，藍色線為字幕終點。按波形區下方工具列 ▶ 播放當前
行圖示就會播放選取的聲音，聆聽說話的內容，確認選取的範圍是否正確。

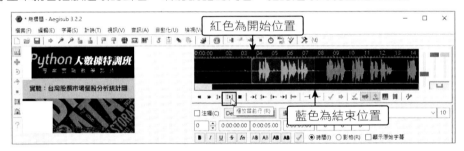

如果聲音位置不對，可將滑鼠移到開始或結束位置，當滑鼠形狀變為雙箭頭時，拖
曳滑鼠就可移動開始或結束位置。重新播放當前行聲音，確認開始及結束位置正確
無誤。

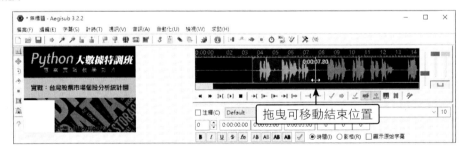

確認無誤後按 **Enter** 鍵完成此段字幕：下方字幕資訊區會顯示此段字幕的起始及結束
時間、每秒字數及字幕內容。同時波形區會自動將原字幕的終點設為下一段字幕的
起點，字幕長度為 2 秒。

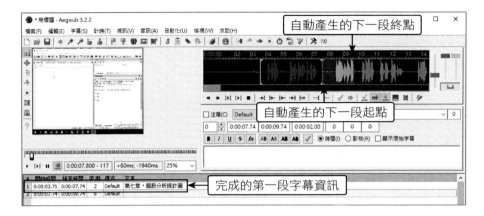

複製 <python1.txt> 檔第二列文字，貼入 Aegisub 字幕編輯區。不必更改聲音起始位置，拖曳聲音結束位置到判斷的最佳位置，按工具列 【▶】 播放當前行圖示確認選取的範圍正確無誤，按 **Enter** 鍵完成第二段字幕。

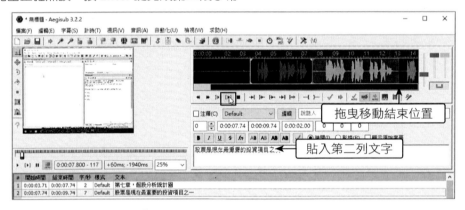

重複加入字幕，直到所有字幕都加入後就完成字幕製作。

9.3.3 **字幕預覽、修改及存檔**

字幕預覽

字幕製作完成後，可以進行預覽，看看字幕效果並檢查是否有錯。執行功能表 **檢視 / 視訊 + 字幕模式**。

將視訊大小調為「50%」，拖曳影片位置指標器 🖺 到最左方，即影片起始位置，按 ▶ 鈕從頭開始播放，就可見到影片已顯示字幕。

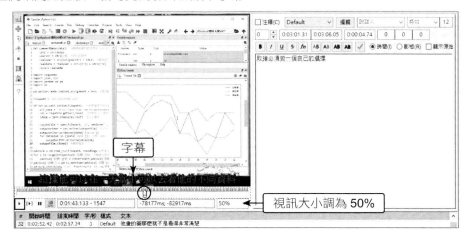

修改字幕

如果發現字幕有錯誤的地方，先在字幕資訊區點選要修改的字幕段，於字幕編輯區可修改文字，波形區拖曳紅線或藍線可修改開始或結束時間，按 **Enter** 鍵完成此段字幕修改。

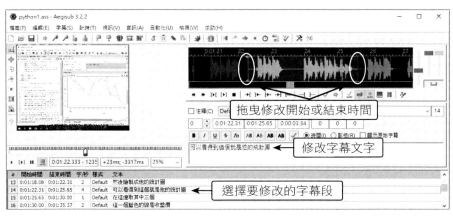

儲存檔案

確定字幕正確無誤後，必須儲存檔案，否則所有努力都將化為烏有。執行功能表 **檔案 / 另存為字幕**，於 **儲存字幕檔** 對話方塊輸入檔案名稱「python1.ass」後按 **存檔** 鈕。將來要使用或修改字幕時，執行 **檔案 / 打開字幕** 讀入此檔即可。

匯出 SRT 檔

YouTube 影片的字幕檔不接受「.ass」格式,因此要將製作的字幕匯出為「.srt」格式的檔案,才能上傳到 YouTube。

執行功能表 **檔案 / 匯出字幕**,於 **匯出** 對話方塊按 **匯出** 鈕,於 **匯出字幕檔案** 對話方塊輸入檔案名稱「python1」,於 **存檔類型** 欄下拉式選單點選 **SubRip (*.srt)**,然後按 **存檔** 鈕匯出 SRT 格式檔案。

9.3.4 上傳字幕檔到 YouTube

製作完成 SRT 格式字幕後,就可以上傳到 YouTube 為影片加上字幕了!開啟 YouTube 首頁「https://www.youtube.com/?gl=TW&hl=zh-TW」,按右上角登入者圖示,點選 **您的頻道** 登入管理頁面。於管理頁面按 **管理影片**。

點選要加字幕的影片 (此處為 python1)，接著按 **編輯影片** 鈕。

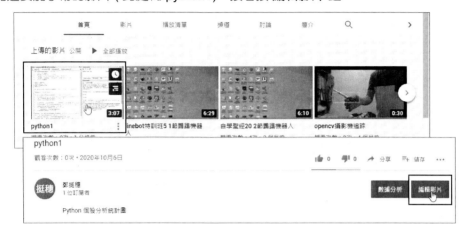

點選左方字幕圖示 開啟字幕設定頁面，於 **影片字幕** 頁面點選 **新增**。

點選 **檔案上傳**，於 **選擇字幕檔案類型** 對話方塊核選 **包含時間碼** 後按 **繼續** 鈕。

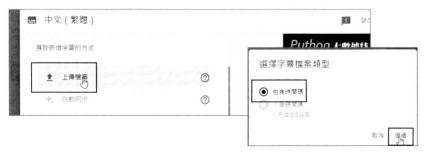

於 **開啟** 對話方塊選擇 <python1.srt> 檔後按 **開啟** 鈕，按右上角 **發布** 鈕完成字幕檔設定。

切換回 Youtube 管理頁籤，點選 python1 影片即可播放，可見到影片已加上字幕了！下方字幕切換鈕 ▭▭ 底部會加上一條紅線，表示目前為有字幕的狀態。點選字幕切換鈕可切換字幕是否顯示。

Chapter

10

投資預測實證：
股票分析

10.1 專題方向

股票是許多現代人的理財投資的項目之一，如何取得正確的股票資訊，對數量龐大的股民來說，是件攸關荷包的大事。

專題檢視

本專題分析台灣證券交易所網站每日成交資料後，擷取整個月指定的股票每日各項資料，然後以單月資料繪製個股統計圖。

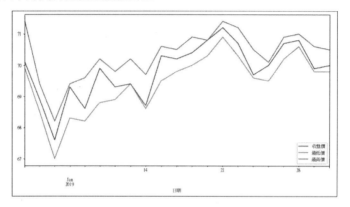

有了單月個股資料，可以使用迴圈集合全年 12 個月資料來繪製全年統計圖。本專題使用 plotly 模組繪製互動統計圖，不但可以動態顯示單日股價資料，若是對某範圍資料感興趣，可以選取該範圍做細部觀察。

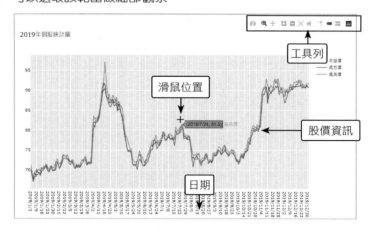

有了股票相關資訊後，就可以利用機器學習，對股票進行預測，我們以鴻海 2019 年1~12 月的收盤價、最高價和最低價作為訓練資料。

10.2 台灣股市資訊模組：twstock

twstock 是台灣股市的專用模組，可以讀取指定股票的歷史記錄、股票分析和即時股票的買賣資訊等。

使用 pip 即可安裝 twstock 模組，我們安裝的版本為 1.3.1。

```
pip install twstock==1.3.1
```

使用 twstock 模組必須先含入模組程式庫，語法為：

```
import twstock
```

10.2.1 查詢歷史股票資料

twstock 模組利用 Stock 方法查詢個股歷史股票資料，語法為：

```
歷史股票資料變數 = twstock.Stock('股票代號')
```

例如設定變數名稱為 stock，查詢鴻海股票 (代碼 2317) 的歷史資料，預設會讀取近 31 日的歷史記錄。

```
stock = twstock.Stock('2317')
```

利用 Stock 物件的屬性即可以讀取指定的歷史資料，其內容如下：

屬性	說明	屬性	說明
date	日期 (datetime.datetime)	low	最低價
capacity	總成交股數 (單位：股)	price	收盤價
turnover	總成交金額 (單位：元)	close	收盤價
open	開盤價	change	漲跌價差
high	最高價	transaction	成交筆數

例如顯示「鴻海」最近 31 筆收盤價資料：

```
程式碼：ch10-1.py
import twstock
stock = twstock.Stock('2317')   # 以鴻海的股票代號建立 Stock 物件
print(stock.price)
```

顯示結果為：

```
[78.2, 77.6, 78.3, 78.2, 77.5, 77.5, 76.9, 77.0, 77.8, 77.7,
 76.9, 77.3, 77.5, 77.9, 78.5, 78.5, 79.4, 79.1, 78.8, 78.1,
 77.6, 77.4, 76.8, 76.7, 75.0, 74.3, 76.9, 77.0, 77.4, 77.7, 77.8]
```

傳回結果為串列，可使用串列語法擷取部分資料，例如顯示最近 1 日開盤價、最高價、最低價、收盤價：

程式碼：**ch10-2.py**

```
print(" 日期 : ",stock.date[-1])
print(" 開盤價 : ",stock.open[-1])
print(" 最高價 : ",stock.high[-1])
print(" 最低價 : ",stock.low[-1])
print(" 收盤價 : ",stock.price[-1]
print(stock.price[-5:])
```

顯示結果為：

```
日期 : 2020-10-06 00:00:00
開盤價 : 78.1
最高價 : 78.2
最低價 : 77.6
收盤價 : 77.8
```

Stock 物件也提供下列 fetch 方法可以讀取指定期間的歷史資料。

方法	傳回資料
fetch(西元年 , 月)	傳回參數指定月份的資料。
fetch_31()	傳回最近 31 日的資料。
fetch_from(西元年 , 月)	傳回參數指定月份到現在的資料。

例如：以 fetch、fetch_31 和 fetch_from 方法讀取資料。

程式碼：**ch10-3.py**

```
stock.fetch(2020,1)  # 取得 2020 年 1 月的資料
stock.fetch_31()     # 取得最近 31 日的資料
# stock.fetch_from(2020,1) # 取得 2020 年 1 月至今的資料
```

10.2.2 查詢股票即時交易資訊

twstock 模組利用 realtime.get() 方法查詢個股即時股票資訊，語法為：

```
即時個股資料變數 = twstock.realtime.get(' 股票代號 ')
```

例如設定變數名稱為 real，查詢鴻海股票 (代碼 2317) 的即時交易資訊：

```
real = twstock.realtime.get('2317') # 鴻海股票即時交易資訊
```

傳回資料為：

```
{'timestamp': 1602037970.0, 'info': {'code': '2317','channel': '2317.tw',
 'name': ' 鴻海 ', 'fullname': ' 鴻海精密工業股份有限公司 ',
 'time': '2020-10-07 10:32:50'},
 'realtime': {'latest_trade_price': '-', 'trade_volume': '-',
 'accumulate_trade_volume': '6044',
 'best_bid_price': ['77.5000', '77.4000', '77.3000', '77.2000', '77.1000'],
 'best_bid_volume': ['244', '329', '589', '591', '1284'],
 'best_ask_price': ['77.6000', '77.7000', '77.8000', '77.9000', '78.0000'],
 'best_ask_volume': ['189', '98', '321', '131', '328'],
 'open': '77.4000', 'high': '77.8000', 'low': '77.1000'},
 'success': True}
```

傳回資訊包括公司基本資料、即時股價、成交量、委買及委賣資料、開盤價、盤中最高及最低價，以及此次查詢是否成功。

主要股票資料都在「realtime」欄位中，例如即時股價就在「realtime」欄位的「latest_trade_price」欄位，顯示即時股價的程式碼為：

```
print(real['realtime']['latest_trade_price'])
```

傳回資訊的倒數第一個欄位為「success」，此欄位為 True 表示傳回資訊正確，如果是 False 表示發生錯誤，同時將錯誤訊息存於「rtmessage」欄位。程式設計者通常會先檢查此欄位，若為 True 才處理傳回資料，程式碼為：

```
if real['success']:
    處理股票資料程式碼
else:
    print(' 錯誤：' + real['rtmessage'])
```

下面範例顯示 twstock 模組取得的部分資料和股票名稱：

程式碼：**ch10-4.py**

```
1    import twstock
2
3    stock = twstock.Stock('2317')   #鴻海
4    print('近31個收盤價：')
5    print(stock.price)     #近31個收盤價
6    print('近6個收盤價：')
7    print(stock.price[-6:])     #近6日之收盤價
8
9    real = twstock.realtime.get('2317') #鴻海股票即時交易資訊
10   if real['success']:   #如果讀取成功
11       print('股票名稱、即時股票資料：')
12       print('股票名稱：',real['info']['name'])
13       print('開盤價：',real['realtime']['open'])
14       print('最高價：',real['realtime']['high'])
15       print('最低價：',real['realtime']['low'])
16       print('目前股價：',real['realtime']['latest_trade_price'])
17   else:
18       print('錯誤：' + real['rtmessage'])
```

```
Console 1/A ⊠                                          ■ 🖉 ≡
近31個收盤價：                                              ∧
[78.2, 77.6, 78.3, 78.2, 77.5, 77.5, 76.9, 77.0, 77.8, 77.7, 76.9, 77.3, 77.5, 77.9,
78.5, 78.5, 79.4, 79.1, 78.8, 78.1, 77.6, 77.4, 76.8, 76.7, 75.0, 74.3, 76.9, 77.0,
77.4, 77.7, 77.8]
近6個收盤價：
[74.3, 76.9, 77.0, 77.4, 77.7, 77.8]
股票名稱、即時股票資料：
股票名稱： 鴻海
開盤價： 77.4000
最高價： 77.6000
最低價： 77.1000
目前股價： -
```

解決 IP 被鎖定

當以 fetch、fetch_31 和 fetch_from 方法向台灣證券交易所網頁讀取資料時，因為資料量太大，很容易被視為攻擊而被鎖定 IP 而無法連上該網站。建議可以透過手機上網的浮動 IP 或是 ADSL 重新撥接取得新 IP 來解決，但實務上還是會建議分時間，分批下載避免一次下載太多資料，而且每次下載的時間最好有點間隔。

10.3 股票分析

利用 twstock 模組擷取台灣證券交易所交易資訊，就可以繪製統計圖。我們先以單月繪製統計圖，再集合全年 12 個月資料繪製全年統計圖。

10.3.1 單月個股統計圖

為了不必每次執行都到台灣證券交易所讀取資料，程式第一次執行會將資料存於 CSV 檔，第二次以後執行程式就由 CSV 檔讀取資料，不但節省網路流量，也加快執行速度。本範例以收盤價、最高價及最低價繪製線形圖，使用者可由三者推估股價走勢及當日股價震盪情形。

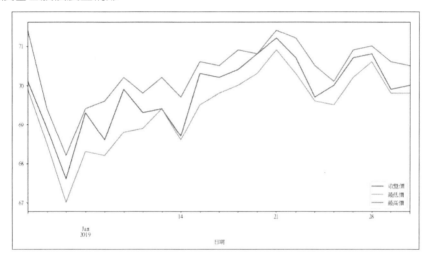

本例執行前請先刪除 <twstockmonth01.csv> 檔，再重新下載。

```
程式碼：ch10-5.py
1    import csv
2    import pandas as pd
3    import twstock
4    import os
5    import matplotlib.pyplot as plt
6    plt.rcParams["font.sans-serif"] = "mingliu"   #繪圖中文字型
7    plt.rcParams["axes.unicode_minus"] = False
8
9    filepath = 'twstockmonth01.csv'
10
```

```
11   if not os.path.isfile(filepath):    #如果檔案不存在就建立檔案
12       stock = twstock.Stock('2317')   # 以鴻海的股票代號建立 Stock 物件
13       stocklist=stock.fetch(2019,1)    # 2019 年 1 月
14
15       title=["日期 "," 成交股數 "," 成交金額 "," 開盤價 "," 最高價 ",
                "最低價 "," 收盤價 "," 漲跌價差 "," 成交筆數 "]
16       data=[]
17       for stock in stocklist:
18           strdate=stock.date.strftime("%Y-%m-%d") # 將 datetime 物件轉換為字串
19           # 讀取 日期 , 成交股數 , 成交金額 , 開盤價 , 最高價 , 最低價 ,
                  收盤價 , 漲跌價差 , 成交筆數
20           li=[strdate,stock.capacity,stock.turnover,
                   stock.open,stock.high,\
21              stock.low,stock.close,stock.change,
                   stock.transaction]
22           data.append(li)
23
24       outputfile = open(filepath,'w',newline='',encoding='big5')   #開啟檔案
25       outputwriter = csv.writer(outputfile)  # 以 csv 格式寫入檔案
26       outputwriter.writerow(title) #寫入標題
27       for dataline in data:           # 寫入資料
28           outputwriter.writerow(dataline)
29       outputfile.close()    #關閉檔案
30
31   pdstock = pd.read_csv(filepath, encoding='big5')   #以 pandas 讀取檔案
32   pdstock['日期'] = pd.to_datetime(pdstock['日期'])   #轉換日期欄位為日期格式
33   pdstock.plot(kind='line', figsize=(12, 6), x='日期',
         y=['收盤價 ', ' 最低價 ', ' 最高價 '])   #繪製統計圖
```

程式說明

- **1-4** 含入模組。

- **5-7** 設定中文字型及負號正確顯示。

- **9** 設定 CSV 檔案名稱為 <twstockmonth01.csv>。

- **11-29** 檢查 CSV 檔案是否存在，如果不存在就建立 CSV 檔案：第 11 列程式檢查 CSV 檔案是否存在，若不存在才執行 12-29 列程式。

- **12-13** 讀取鴻海 2019 年 1 月股票交易資料。

- **17-22** 逐一處理每日交易資料。

- **18** 將日期的資料型態轉換為「yyyy-m-d」日期字串格式。

■ 20-22　讀取「日期 , 成交股數 , 成交金額 , 開盤價 , 最高價 , 最低價 , 收盤價 , 漲跌價差 , 成交筆數」並加入 data 串列。

■ 24-25　建立檔案，並設定以 CSV 格式寫入資料。

■ 26　　將標題寫入檔案。

■ 27-28　每日的股票資料在「data」欄位，「data」欄位是一個二維串列，第 27 及 28 列程式逐一將每日的股票資料寫入檔案。

■ 29　　關閉檔案。

	A	B	C	D	E	F	G	H	I	J
1	日期	成交股數	成交金額	開盤價	最高價	最低價	收盤價	漲跌價差	成交筆數	← 標題
2	2019/1/2	16775306	1182131473	71.4	71.4	69.9	70.1	-0.7	7968	
3	2019/1/3	36659461	2526323765	69	69.4	68.5	68.9	-1.2	17345	
4	2019/1/4	37313571	2520135828	68.2	68.2	67	67.6	-1.3	18110	
5	2019/1/7	24084557	1661796863	68.7	69.4	68.3	69.3	1.7	11167	← 每日資料
6	2019/1/8	18303188	1258685500	69.6	69.6	68.2	68.6	-0.7	8027	
7	2019/1/9	31946504	2226173028	68.9	70.2	68.8	69.9	1.3	12390	
8	2019/1/10	19041006	1318925953	69.8	69.8	68.9	69.3	-0.6	6868	
9	2019/1/11	23895923	1666289347	69.8	70.2	69.4	69.4	0.1	8299	
10	2019/1/14	14186528	978121932	69.3	69.7	68.6	68.7	-0.7	5838	

twstockmonth01

▲ 完成的 CSV 檔內容

■ 31　　使用 Pandas 的 read_csv 方法由 CSV 檔讀取資料。

■ 32　　以 Pandas 的 to_datetime 方法將日期的資料型態由字串轉換為日期格式。

■ 33　　繪出圖形：「kind='line'」為線形圖，「figsize=(12, 6)」設定圖形長度及寬度，「x='日期'」設定以日期欄位做為橫軸，「y=['收盤價', '最低價', '最高價']」表示同時繪出收盤價、最低價、最高價三條線形圖。

10.3.2 **全年個股統計圖**

有了單月個股資料，可以使用迴圈結合全年十二個月個股資料，就能繪製全年個股統計圖了！

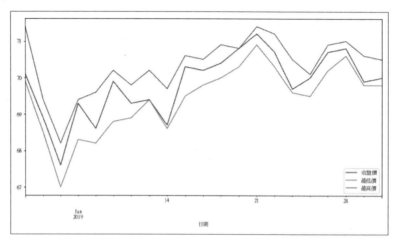

分批下載資料

由於一次下載 12 個月份資料，會因為網頁伺服器的防護機制鎖定現在的 IP，因此採用變通的方式，分 6 次下載 (即一次僅下載 2 個月)。

1.　第一次下載 **1~2** 月份的資料

　　首先刪除 <twstockyear2019.csv> 檔，讓程式重新下載資料並建立新的 <twstockyear2019.csv> 檔。

　　執行 <ch10-6.py> 檔，第 13 列設定為 range(1,3) 也就是只下載 1~2 月，執行後就會下載 <twstockyear2019.csv> 檔，檔案中含有標題和 1~2 月的資料。

```
程式碼：ch10-6.py
...
7    filepath = 'twstockyear2019.csv'
8
9    if not os.path.isfile(filepath):   #如果檔案不存在就建立檔案
         ...
13       for i in range(1,3):   #設定下載的月份
           ...
25          if i==1:   #若是 1 月就寫入欄位名稱
```

```
26              outputwriter.writerow(title) # 寫入標題
27          for dataline in (data):   # 逐月寫入資料
28              outputwriter.writerow(dataline)
```

2. 依序下載 3~12 月份的資料

接著執行 <ch10-6b.py> 檔，檔案是以 open(filepath, 'a') 方式將第二次以後下載的資料附加在後面，而標題僅在第一次下載時需要加入，第二次以後下載則不需要再加入標題。

因此調整 <ch10-6b.py> 檔，將第 9 列改為 「if os.path.isfile(filepath):」（原來程式是 「if not os.path.isfile(filepath):」），第 13 列設定為 range(3,5) 只下載 3~5 月，第 25~26 前面加「#」號設定不寫入標題。執行後判斷 <twstockyear2019. csv> 檔已存在，就會下載 3~4 月的資料並附加在 <twstockyear2019.csv> 檔的後面。

程式碼：ch10-6b.py

```
...
7   filepath = 'twstockyear2019.csv'
8
9   if os.path.isfile(filepath):   #▨▨▨▨▨▨▨▨▨▨▨▨▨▨
        ...
11      outputfile = open(filepath,'a',newline='',encoding='big5') # 開啟儲存檔案
13      for i in range(3,5):   # 設定下載的月份
        ...
25          #if i==1:   # 若是 1 月就寫入欄位名稱
26              #outputwriter.writerow(title) # 寫入標題
27          for dataline in (data):   # 逐月寫入資料
28              outputwriter.writerow(dataline)
```

重複的操作，請將第 13 列的 range 改為 range(5,7)，執行後就可以下載 5~6 月的資料並附加在 <twstockyear2019.csv> 檔的後面。

同理：再分別改為 range(7,9)、range(9,11)、range(11,13) 依序下載 7~8、9~10 月和 11~12 月的資料。

請注意，每次下載的時間最好有點間隔，太頻繁的下載很容易被鎖定 IP。讀者若不想下載或下載時被鎖定，也可以直接使用我們已經下載好的 <twstockyear2019_ sr.csv> 檔，將它複製後再改名為 <twstockyear2019.csv> 即可在程式中使用。

<ch10-6.py> 完整程式碼，如下：

程式碼：ch10-6.py

```python
1    import csv
2    import pandas as pd
3    import os
4    import time
5    import twstock
6
7    filepath = 'twstockyear2019.csv'
8
9    if not os.path.isfile(filepath):   # 如果檔案不存在就建立檔案
10       title=["日期","成交股數","成交金額","開盤價","最高價",
              "最低價","收盤價","漲跌價差","成交筆數"]
11       outputfile = open(filepath,'a',newline='',encoding='big5') # 開啟儲存檔案
12       outputwriter = csv.writer(outputfile)   # 以 csv 格式寫入檔案
13       for i in range(1,3):   # 設定下載的月份
14           stock = twstock.Stock('2317')   # 建立 Stock 物件
15           stocklist=stock.fetch(2019,i)
16
17           data=[]
18           for stock in stocklist:
19               strdate=stock.date.strftime("%Y-%m-%d")
                     # 將 datetime 物件轉換為字串
20               # 讀取 日期,成交股數,成交金額,開盤價,最高價,
                        最低價,收盤價,漲跌價差,成交筆數
21               li=[strdate,stock.capacity,stock.turnover,
                        stock.open,stock.high,stock.low,\
22                   stock.close,stock.change,stock.transaction]
23               data.append(li)
24
25           if i==1:   # 若是 1 月就寫入欄位名稱
26               outputwriter.writerow(title) # 寫入標題
27           for dataline in (data):   # 逐月寫入資料
28               outputwriter.writerow(dataline)
29           time.sleep(1)   # 延遲 1 秒,否則有時會有錯誤
30       outputfile.close()   # 關閉檔案
31
32   pdstock = pd.read_csv(filepath, encoding='big5')   # 以 pandas 讀取檔案
33   pdstock['日期'] = pd.to_datetime(pdstock['日期'])# 轉換日期欄位為日期格式
34   pdstock.plot(kind='line', figsize=(12, 6), x='日期',
                   y=['收盤價', '最低價', '最高價'])   # 繪製統計圖
```

程式說明

- 7　　　　　設定 CSV 檔案名稱為「twstockyear2019.csv」。

- 11　　　　open 函式的第 2 個參數為「a」，表示寫入資料時是將資料附加到檔案後面，如此才能將 1~2 個月的資料都寫入檔案中。

- 13　　　　以「for i in range(1, 3):」迴圈由 1 到 2 逐一讀取單月資料寫入 CSV 檔案中。

- 25-26　　判斷是否為 1 月份資料，如果是就寫入欄位名稱（標題）。

- 27-28　　逐一寫入每月份資料。

- 29　　　　延遲 1 秒，避免檔案來不及寫入：根據實測，若沒有加入此列程式，執行時大部分成功，但偶而會失敗，若讀者發生偶而執行失敗的情況，可適度加長延遲時間。

10.3.3 以 plotly 繪製全年個股統計圖

當股價資料的時間範圍較大，使得全年個股統計圖形太小不易觀察。若是以 plotly 模組繪製統計圖，不但可用文字方式動態顯示日期及股價，也可以局部放大需要詳細觀察的區塊。

以系統管理員身分執行 pip 即可安裝 plotly 模組，安裝需要一段時間，請耐心等候。

```
pip install plotly==4.11.0
```

安裝完成後請重新啟動 spyder，使用 plotly 模組必須先含入模組程式庫，語法為：

```
import plotly
from plotly.graph_objs import Scatter, Layout
from plotly.offline import plot
```

以 plotly 模組繪圖，只需修改下列程式碼。

程式碼：ch10-7.py

```
...
4   #pip install plotly
5   from plotly.graph_objs import Scatter, Layout
6   from plotly.offline import plot
...
```

```
34   data = [
35       Scatter(x=pdstock['日期'], y=pdstock['收盤價'], name='收盤價'),
36       Scatter(x=pdstock['日期'], y=pdstock['最低價'], name='最低價'),
37       Scatter(x=pdstock['日期'], y=pdstock['最高價'], name='最高價')
38   ]
39   plot({"data": data, "layout": Layout(title='2019年個股統計圖')},
         auto_open=True)
```

程式說明

- 5-6   含入 plotly 程式庫。

- 34-37 設定圖形的 x 軸及 y 軸資料來源。每一個「Scatter(x=……」會繪製一條曲線。

- 35-37 「name」設定圖示說明中的文字。

- 39   以 plotly.offline 繪圖產生暫存的 .html 檔案,並以瀏覽器顯示。

plotly 模組會將繪製的圖形以離線方式顯示在暫存的 .html 檔案中,將滑鼠移到圖形中,就會動態顯示該日的日期及各種股價資訊:

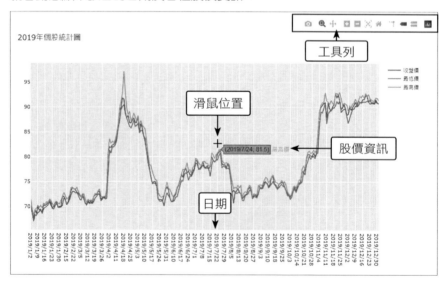

Plotly 圖形右上方的工具列提供許多圖形操作功能:

- 📷:將圖形下到本機,圖形格式為「png」。

- 🔍:拖曳滑鼠設定顯示圖形範圍,此功能可將局部圖形放大觀察。

- ✛:使用滑鼠拖曳移動圖形。

■　✚：放大圖形。

■　➖：繪小圖形。

■　[ ]：讓系統自動判斷繪圖座標範圍。

■　⌂：使圖形回復到最初繪製狀態。

按 🔍 後拖曳滑鼠選取部分區塊即可將該區塊圖形放大，仔細觀察該區塊資訊，放開滑鼠就會放大選擇的區塊圖。

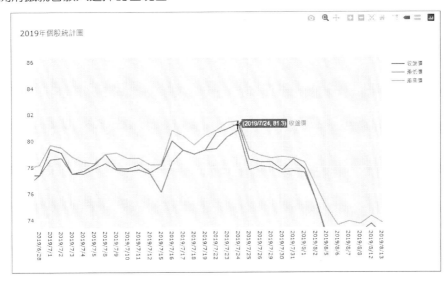

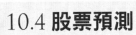
10.4 股票預測

有了股票相關資訊後，就可以利用機器學習預測股票，由於股票的變化和前期資訊有很大的關聯，運用 RNN(循環神經網路) 的 LSTM(長短期記憶) 建立訓練模型最適合。我們以鴻海 2019 年 1~12 月的收盤價、最高價和最低價作為訓練資料。

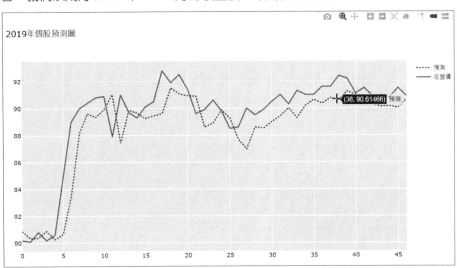

程式碼：mystock_rnn.py

```
1    import pandas as pd
2    import numpy as np
3    import matplotlib.pyplot as plt
4    from sklearn.preprocessing import MinMaxScaler
5    from keras.models import Sequential
6    from keras.layers import LSTM, Dense
7    from plotly.graph_objs import Scatter, Layout
8    from plotly.offline import plot
9    plt.rcParams["font.sans-serif"] = "mingliu"  #繪圖中文字型
10   plt.rcParams["axes.unicode_minus"] = False
11
12   def load_data(df, dfp, sequence_length=10, split=0.8):
13       #處理特徵資料
14       data_all = np.array(df).astype(float)          # 轉為浮點型別矩陣
15       # print(data_all.shape) # (242,3)
16       data_all = scaler.fit_transform(data_all) # 將特徵數據縮放為 0~1 之間
17       #處理標籤資料
```

```
18       datap_all = np.array(dfp).astype(float)        # 轉為浮點型別矩陣
19       # print(datap_all.shape) # (242,1)
20       datap_all = scalert.fit_transform(datap_all) # 將標籤數據縮放為 0~1 之間
21
22       data = []   # ['收盤價','最高價','最低價']
23       datap = [] # 收盤價
24       # data、datap 資料共有 (242-10)=232 筆
25       for i in range(len(data_all) - sequence_length):
26           # 第 1~10 天 的 ['收盤價','最高價','最低價'] 當作特徵
27           data.append(data_all[i: i + sequence_length])
28           # 第 11 天的收盤價當作標籤
29           datap.append(datap_all[i + sequence_length])
30
31       x = np.array(data).astype('float64')   # 轉為浮點型別矩陣
32       y = np.array(datap).astype('float64')  # 轉為浮點型別矩陣
33
34       split_boundary = int(x.shape[0] * split)
35       train_x = x[: split_boundary] # 前 80% 為 train 的特徵
36       test_x = x[split_boundary:]   # 最後 20% 為 test 的特徵
37
38       train_y = y[: split_boundary] # 前 80% 為 train 的 label
39       test_y = y[split_boundary:]    # 最後 20% 為 test 的 label
40
41       return train_x, train_y, test_x, test_y
42
43   def build_model():
44       model = Sequential()
45       # 隱藏層：256 個神經元，input_shape：(10,3)
46       # TIME_STEPS=10,INPUT_SIZE=3
47       model.add(LSTM(input_shape=(10,3),units=256,unroll=False))
48       model.add(Dense(units=1)) # 輸出層：1 個神經元
49       #compile:loss, optimizer, metrics
50       model.compile(loss="mse", optimizer="adam", metrics=['accuracy'])
51       return model
52
53   def train_model(train_x, train_y, test_x, test_y):
54       #訓練、預測並傳預測結果
55       try:
56           model.fit(train_x, train_y, batch_size=100, epochs=300,
                  validation_split=0.1)
57           predict = model.predict(test_x)
58           predict = np.reshape(predict, (predict.size, )) #轉換為1維矩陣
59       except KeyboardInterrupt:
```

```
60            print(predict)
61            print(test_y)
62       return predict # 傳回 預測值
63
64    # 主程式
65    pd.options.mode.chained_assignment = None   # 取消顯示 pandas 資料重設警告
66    filename = 'twstockyear2019.csv'
67    df = pd.read_csv(filename, encoding='big5')# 以 pandas 讀取檔案
68    ddtrain=df[[' 收盤價 ',' 最高價 ',' 最低價 ']]
69    ddprice=df[[' 收盤價 ']]
70
71    scaler = MinMaxScaler()   # 建立處理特徵的 MinMaxScaler 物件
72    scalert = MinMaxScaler() # 建立處理標籤的 MinMaxScaler 物件
73    train_x, train_y, test_x, test_y=load_data(ddtrain, ddprice,
          sequence_length=10, split=0.8)
74    # train_x 共 232*0.8=185 筆 , test_x 共 232*0.2=47 筆
75    # print(train_x.shape,train_y.shape) # (185,10,3) (185,3)
76    # print(test_x.shape,test_y.shape)   # (47,10,3)   (47,1)
77
78    model = build_model() # 建立 RNN 模型
79    predict_y = train_model(train_x, train_y, test_x, test_y) # 訓練和預測
80    predict_y = scalert.inverse_transform([[i] for i in predict_y]) # 還原
81    test_y = scalert.inverse_transform(test_y)   # 還原
82
83    plt.plot(predict_y, 'b:') # 預測
84    plt.plot(test_y, 'r-')    # 收盤價
85    plt.legend([' 預測 ', ' 收盤價 '])
86    plt.show()
87
88    # 建立 DataFrame，加入 predict_y、test_y，準備以 plotly 繪圖
89    dd2=pd.DataFrame({"predict":list(predict_y),"label":list(test_y)})
90    # 轉換為 numpy 陣列，並轉為 float
91    dd2["predict"] = np.array(dd2["predict"]).astype('float64')
92    dd2["label"] = np.array(dd2["label"]).astype('float64')
93
94    data = [
95        Scatter(y=dd2["predict"],name=' 預測 ',
                   line=dict(color="blue",dash="dot")),
96        Scatter(y=dd2["label"],name=' 收盤價 ',
                   line=dict(color="red"))
97    ]
98
```

```
99    plot({"data": data, "layout": Layout(title='2019 年個股預測圖')},
          auto_open=True)
```

程式說明

▣ 1-8　　含入相關的模組。

▣ 9-10　　設定中文字型及負號正確顯示。

▣ 12-41　　自訂程序 load_data 將資料前 80% 當作訓練、其餘 20% 當作測試。

參數 df 為 [' 收盤價 ',' 最高價 ',' 最低價 '] 組成的二維陣列、dfp 為盤價。sequence_length=10 設定讀取後面 10 天的 [' 收盤價 ',' 最高價 ',' 最低價 '] 當作特徵，後面第 11 天的收盤價當作標籤，split=0.8 設定前 80% 為 train 資料，餘 20% 作 test 資料。

▣ 14-16　　處理特徵資料，原來下載的 data_all （即 <twstockyear2019.csv>）共有 242 筆資料，首先將型別轉換為浮點型別矩陣，再以 MinMaxScaler 物件的 fit_transform() 方法將數據縮放為 0~1 之間。

▣ 18-20　　處理標籤資料，先將 datap_all 型別轉換為浮點型別矩陣，再以 fit_transform() 方法將數據縮放為 0~1 之間。

▣ 22-23　　建立 data、datap 串列分別儲存特徵資料和標籤資料。

▣ 25-29　　讀取所有的資料後以第 1~10 天的 [' 收盤價 ',' 最高價 ',' 最低價 '] 當作特徵、第 11 天的收盤價當作標籤。

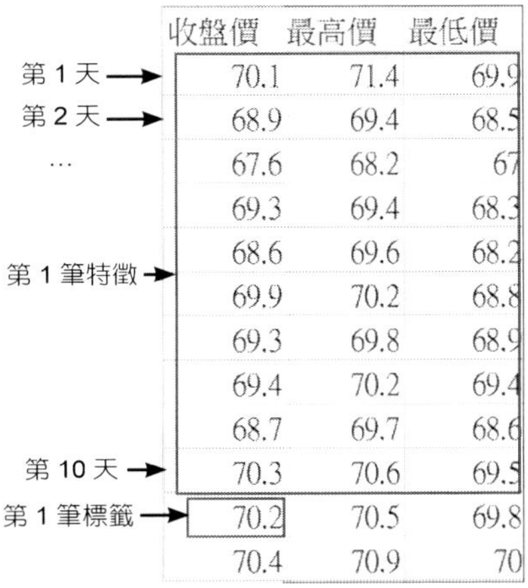

▲第一筆特徵和標籤 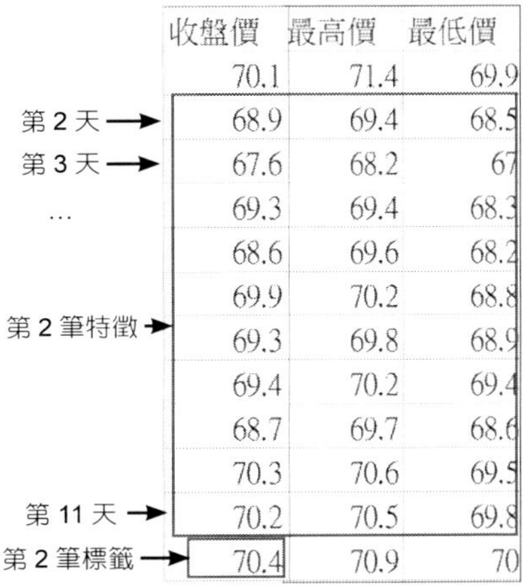　　　　　▲第二筆特徵和標籤

■ 27　　data 是二維串列，每一筆 data 資料是由「當天～以後 9 天」的收盤價、最高價、最低價組成，共有 10 個欄位，因為每個欄位包含收盤價、最高價、最低價，因此每筆資料的結構為 10*3。資料構架如下：

```
data=[[ 第 1 日收盤價、最高價、最低價 ]…[ 第 10 日收盤價、最高價、最低價 ]
      [ 第 2 日收盤價、最高價、最低價 ]…[ 第 11 日收盤價、最高價、最低價 ]
      …
      [ 第 n 日收盤價、最高價、最低價 ]…[ 第 n+9 日收盤價、最高價、最低價 ]
     ]
```

■ 29　　datap 也是二維串列，是由「當天以後第 10 天」的收盤價組成，每一筆 datap 資料只有 1 個欄位，datap 前面 3 筆資料如下：

```
datap=[[70.2] ◄──── 第一筆資料為第 11 天的收盤價
       [70.4] ◄──── 第二筆資料為第 12 天的收盤價
       [70.8]] ◄──── 第三筆資料為第 13 天的收盤價
```

■ 31-32　將 data、datap 串列資料轉換為浮點型別矩陣 x 和 y，其中 x 當作特徵資料、y 當作標籤資料。

■ 34-39　將 x、y 的前 80% 作為 train，最後 20% 作為 test。

■ 41　　傳回訓練特徵、測試特徵、訓練標籤和測試標籤。

■ 43-51　自訂程序 build_model 建立 LSTM 訓練模型。

■ 47　　建立含有 256 個神經元的隱藏層，input_shape=(10,3) 的模型，即 TIME_STEPS=10、INPUT_SIZE=3，計算時不展開結構。

■ 48　　建立只有 1 個神經元的輸出層。

■ 50　　設定模型的訓練方式。

■ 53-62　自訂程序 train_model 開始訓練，並傳回預測結果。

■ 56　　以 train_x、train_y 開始訓練，並留 10% 作驗證，訓練 300 次，每次讀取 100 筆資料。

■ 57-58　以 test_x 作預測，並將預測結果轉換為 1 維矩陣。

■ 62　　傳回預測值。

■ 65-69　讀取 <twstockyear2019.csv> 並將 [' 收盤價 ',' 最高價 ',' 最低價 '] 存到 ddtrain 變數、收盤價存到 ddprice 變數。

■ 71-72　建立 MinMaxScaler 物件，scaler 處理特徵資料、scalert 處理標籤資料。

▓ 73　　以 load_data() 自訂程序將資料分為 train_x、train_y、test_x、test_y 資料。

▓ 78　　建立 RNN 模型 (LSTM 模型)。

▓ 79　　呼叫自訂程序 train_model 開始進行訓練和預測，傳回值 predict_y 為預測值。

▓ 80-81　將已轉換為 0~1 的資料，利用前面建立的 MinMaxScaler 物件還原。

▓ 83-86　在 Spyder 中繪製圖表。

▓ 89-99　使用 plotpy 繪製圖表。

▓ 89　　dd2=pd.DataFrame({"predict":list(predict_y),"label":list(test_y)}) 以 predict_y 和 test_y 資料建立 DataFrame 的 predict、label 欄位，建立時資料必須先轉換為 list 型別。

▓ 91　　dd2["predict"] = np.array(dd2["predict"]).astype('float64') 再將 DataFrame 的 dd2["predict"] 欄位轉換為浮點數型別的矩陣。

▓ 92　　將 dd2["label"] 欄位轉換為浮點數型別的矩陣。

▓ 94-97　設定 plotpy 繪圖資料為 dd2["predict"]、dd2["label"]。

▓ 95　　以藍色虛線繪圖預測股價。

▓ 96　　以紅色實線繪圖實際收盤價。

▓ 99　　依 data 資料繪製圖表。

Memo

Chapter 11

自動標示物件：用 Haar 特徵分類器擷取車牌

11.1 專題方向

Haar 特徵分類器可以在圖片中偵測某特定物件是否存在，並可得知該物件的坐標位置。這個特定物件可以是人臉、交通標誌、貓、狗等，依據使用的 Haar 特徵模型檔而異。

本專題以偵測「車牌號碼」位置說明如何建立 Haar 特徵分類器模型。

專題檢視

首先蒐集「正樣本圖片」，就是包含要偵測物件的圖片，本專題就是含有車牌號碼的圖片，正樣本圖片格式必須為 BMP，所以將圖片格式轉換為 BMP，同時將圖形大小轉換為 300x225 像素。再蒐集「負樣本圖片」，負樣本圖片就是不包含要偵測物件的圖片，轉換負樣本圖片格式為灰階，圖形大小為 500x375 像素。

正樣本圖片中必須將要偵測的物件框選出來，系統才知道要偵測的物件是什麼，本專題要偵測的是車牌號碼，所以必須框選所有正樣本圖片中的車牌號碼。使用 Haar 特徵分類器模型進行物件偵測時，會根據訓練時的寬高比來框選物件。新式車牌的寬約為高的 3.8 倍，撰寫程式 (modMark.py) 將框選區域寬高比小於 3.8 的圖片，調整寬高比為 3.8。

正樣本圖片的數量越多，建立的 Haar 特徵分類器模型效果越好，撰寫程式 (make4Pic.py) 增加正樣本圖片，本專題使用的方法是移除邊緣長寬各 10% 圖形來產生新圖形，如此每張圖片最多可新增 4 張新圖片。最後進行訓練建立模型。

建立完成 Haar 特徵分類器模型後，可使用 Opencv 讀入模型，對未知的車牌進行偵測，觀察偵測車牌號碼的正確率如何。

11.2 準備訓練 Haar 特徵分類器資料

Opencv 最為人稱道的就是 「人臉偵測」。使用 Opencv 提供的 Haar 特徵分類器人臉模型，即可輕鬆偵測人臉位置。是否也可以偵測其他物件呢？若要偵測指定物件，就要建立該物件的 Haar 特徵分類器模型，再使用自行建立的 Haar 特徵分類器模型偵測物件。

目前許多停車場已使用自動車牌辨識系統經營以節省人力成本，本章及下一章將模擬建立停車場自動車牌辨識系統，本章以偵測「車牌號碼」位置說明如何建立 Haar 特徵分類器模型，偵測的車牌將在下一章以機器學習辨識出車牌號碼。

11.2.1 認識 Haar 特徵分類器

Haar 特徵是用來描繪一張圖片。Haar 特徵是一個矩形區域，此矩形可進行旋轉、平移、縮放等，共計有 15 個類型：

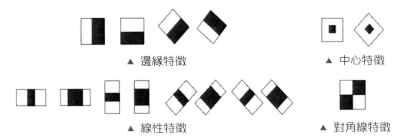

▲ 邊緣特徵　　　　　　　　　　　▲ 中心特徵

▲ 線性特徵　　　　　　　　　　　▲ 對角線特徵

Haar 特徵值反映了圖像的灰度變化情況。例如：臉部的一些特徵能由矩形特徵簡單的描述：眼睛要比臉頰顏色深，鼻樑兩側要比鼻樑顏色深，嘴巴顏色要比周圍顏色深等。Haar 特徵值越大，表示此區域越符合指定的 Haar 特徵。

訓練時，需框選出要偵測的圖形區域，系統就依照框選區域的 Haar 特徵值來建立 Haar 特徵分類器模型，提供的圖形數量越多且形態越多元，建立的模型準確度就會越高。

使用 Haar 特徵分類器模型時，系統會在要偵測的圖片左上角產生一個檢測矩形，檢查此矩形內的圖形是否符合 Haar 特徵分類器模型特徵。接著將此矩形向右移動檢測，到最右方時移到左側下方檢測，直到圖片右下角為止，這樣就可以檢測整張圖片。

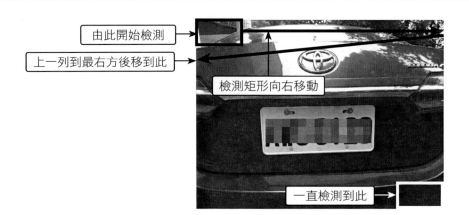

11.2.2 處理正樣本及實測圖片

訓練 Haar 特徵分類器模型需要正樣本圖片及負樣本圖片，訓練完成後會產生模型，可用實測圖片 (非訓練圖片) 來測試模型的偵測效果。

「正樣本圖片」及「實測圖片」都是包含要偵測圖形的圖片，以本章要建立的偵測車牌號碼 Haar 特徵分類器模型為例，正樣本及實測圖片就是含有車牌號碼的圖片，例如：

拍攝車牌注意事項

停車場自動車牌辨識系統使用時，業者可以控制攝影機或相機的拍攝條件，如攝影機裝設位置、停車場光線等，如此可大幅提高辨識率。本章車牌圖片是以手機拍攝，拍攝時請注意下列事項以增加訓練效果及辨識率：

- **新舊車牌數量均衡**：目前車牌有兩種型式，舊式車牌為六碼，新式車牌七碼，兩者的長寬比例不同，文字字型也不同，訓練圖片時要包含這兩種車牌。

- **拍攝時手機和車牌平行 (高度相同)**：由於車牌的位置較低，拍攝時手機位置較高時，車牌會呈現梯形，盡量將手機位置和車牌位置等高，如此拍攝的車牌才會呈現矩形。

- **車牌大小適中**：手機距離車牌遠近會影響圖片中車牌的大小，太大或太小常會辨識困難，大小適中即可 (可參考上圖)。

- **充足的自然光線較佳**：拍攝時最好選在晴天的白天戶外場合，避免拍攝室內停車場的車牌。

讀者如果要實作本章範例，可複製本章範例 < 原始檔 > 資料夾到硬碟中實作，其中 <carPlate_sr> 資料夾包含 73 張圖片是做為訓練用，<realPlate_sr> 資料夾包含 8 張圖片是做為實測用。

轉換圖片尺寸

手機拍攝圖片的解析度非常大，不適合做為訓練圖片，必須轉換為較小圖片才能進行訓練。下面程式會將圖片轉換為 300x225 像素大小，因為有 2 個資料夾檔案要轉換 (正樣本及實測圖片)，所以將轉換程式寫成函式。

程式碼：resize.py

```
1 def emptydir(dirname):    #清空資料夾
2     if os.path.isdir(dirname):    #資料夾存在就刪除
3         shutil.rmtree(dirname)
4         sleep(2)    #需延遲，否則會出錯
5     os.mkdir(dirname)    #建立資料夾
6
7 def dirResize(src, dst):
8     myfiles = glob.glob(src + '/*.JPG')    #讀取資料夾全部jpg檔案
9     emptydir(dst)
10    print(src + ' 資料夾:')
11    print('開始轉換圖形尺寸！')
12    for i, f in enumerate(myfiles):
13        img = Image.open(f)
14        img_new = img.resize((300, 225), PIL.Image.ANTIALIAS) #尺寸300x225
15        outname = str("resizejpg") + str('{:0>3d}').format(i+1) + '.jpg'
16        img_new.save(dst + '/' + outname)
17    print('轉換圖形尺寸完成！\n')
18
19 import PIL
20 from PIL import Image
21 import glob
22 import shutil, os
23 from time import sleep
24
```

```
25 dirResize('carPlate_sr', 'carPlate')
26 dirResize('realPlate_sr', 'realPlate')
```

程式說明

- **1-5** emptydir 函式的功能是建立空的資料夾。若資料夾已存在，就先刪除再建立新資料夾。

- **2-3** 若資料夾已存在，就先刪除該資料夾。

- **4** 刪除資料夾需一些時間，所以延遲 2 秒。

- **5** 建立資料夾。

- **7-17** 轉換圖片尺寸函式。

- **8** 讀取來源資料夾中所有 jpg 圖片檔。

- **9** 建立目的資料夾。

- **12-16** 逐一將圖片檔案轉換尺寸。

- **13** 讀取圖片檔案。

- **14** 轉換圖片尺寸為 300x225 像素。

- **15** 設定目標圖片檔名：「str('{:0>3d}')」為三位數數字，第一張圖片為 <resizejpg001.jpg>、第二張圖片為 <resizejpg002.jpg> 等。

- **16** 儲存轉換過的圖片檔案。

- **26** 轉換正樣本圖片，轉換後存於 <carPlate> 資料夾。

- **27** 轉換實測用圖片，轉換後存於 <realPlate> 資料夾。

執行後可查看 <carPlate> 及 <realPlate> 資料夾中圖片尺寸皆為 300x225。

正樣本圖片轉換為 bmp 格式

建立 Haar 特徵分類器模型時，正樣本圖片必須使用 bmp 格式。下面程式會將 <carPlate> 資料夾中所有 jpg 圖片皆轉換為 bmp 格式。

```
程式碼：changebmp.py
1 from PIL import Image
2 import glob
3 import os
4
5 myfiles = glob.glob("carPlate/*.JPG")
```

```
 6 print('開始轉換圖形格式！')
 7 for f in myfiles:
 8     namespilt = f.split("\\")
 9     img = Image.open(f)
10     outname = namespilt[1].replace('resizejpg', 'bmpraw') # 置換檔名
11     outname = outname.replace('.jpg', '.bmp')   # 置換附加檔名
12     img.save('carPlate/'+ outname, 'bmp')   # 以 bmp 格式存檔
13     os.remove(f)
14 print('轉換圖形格式結束！')
```

程式說明

- ■ 10　　　「namespilt[1]」為檔案名稱如 <resizejpg001.jpg>，此列程式將「resizejpg」置換為「bmpraw>。

- ■ 11　　　將「jpg」置換為「bmp>，所以 <resizejpg001.jpg> 就被更改為 <bmpraw001.bmp>。

- ■ 12　　　以 bmp 格式存檔。

- ■ 13　　　刪除原來的 jpg 圖片檔案。

執行後 <carPlate> 資料夾中圖片檔案變為 <bmpraw001.bmp>、<bmpraw002.bmp> 等。

11.2.3 處理負樣本圖片

訓練 Haar 特徵分類器模型除了正樣本圖片外，還需要負樣本圖片，所謂「負樣本」圖片就是沒有包含要偵測物件的圖片。以本章要建立的偵測車牌號碼 Haar 特徵分類器模型為例，負樣本圖片就是不包含車牌號碼的圖片，如果能與要偵測的物件有點關係的圖片更好，所以此處負樣本圖片使用各種道路圖片，<carNegative_sr> 資料夾包含 293 個負樣本圖片檔案。

訓練 **Haar** 特徵分類器時，負樣本圖片的尺寸需略大於正樣本圖片尺寸，且負樣本圖片格式必須為灰階。

```
程式碼：resize_gray.py
 1 def emptydir(dirname):
略………
 6
 7 import PIL
 8 from PIL import Image
 9 import glob
10 import shutil, os
11 from time import sleep
12
13 myfiles = glob.glob("carNegative_sr/*.JPG")
14 emptydir('carNegative')
15 print(' 開始轉換尺寸及灰階！ ')
16 for i, f in enumerate(myfiles):
17     img = Image.open(f)
18     img_new = img.resize((500, 375), PIL.Image.ANTIALIAS)
19     img_new = img_new.convert('L')   #轉換為灰階
20     outname = str("negGray") + str('{:0>3d}').format(i+1) + '.jpg'
21     img_new.save('carNegative/'+ outname)
22     i = i + 1
23 print(' 轉換尺寸及灰階結束！ ')
```

程式說明

- **13**　　讀取所有 jpg 圖片檔案。
- **14**　　建立空的 <carNegative> 資料夾。
- **18**　　轉換格式為 500x375 像素。因為正樣本尺寸為 300x225 像素，負樣本尺寸要大於正樣本，所以尺寸使用 500x375 像素。
- **19**　　轉換為灰階格式。
- **20**　　設定檔名為 negGray001.jpg、negGray002.jpg 等。
- **21**　　儲存檔案。

執行後建立新的 <carNegative> 資料夾，其中圖片檔案為 <negGray001.jpg> 到 <negGray293.jpg>，皆為 500x375 像素的灰階圖片。

11.3 建立車牌號碼 Haar 特徵分類器模型

Haar 特徵分類器模型是用來偵測指定物件的基準，例如 Opencv 提供偵測人臉的 Haar 特徵分類器，使用者就能利用它來偵測圖片的人臉位置。前一節我們已準備好車牌號碼正、負樣本圖片，使用這些圖片進行訓練，就可以建立偵測車牌號碼的 Haar 特徵分類器模型。

11.3.1 處理 Haar 特徵分類器模型的檔案結構

OpenCV 官網有提供自行建立 Haar 特徵分類器模型的方法，但過程非常繁複。「https://github.com/sauhaardac/haar-training」整理建立了訓練 Haar 特徵分類器模型的檔案結構，並為許多操作撰寫批次檔，大幅簡化建立 Haar 特徵分類器模型的程序。此檔案結構為 OpenCV 3 版本，必須調整才能適用於 OpenCV 4。

開啟「https://github.com/sauhaardac/haar-training」網頁，點選 **Code** 鈕，再按 **Download ZIP** 下載壓縮檔。

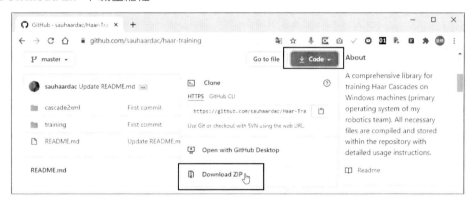

解壓縮下載的 <Haar-Training-master.zip> 可得到 <Haar-Training-master> 資料夾，將 <Haar-Training-master> 名稱修改為 <Haar-Training_carPlate>，表示這是車牌號碼 Haar 特徵分類器。

開啟 OpenCV 官網「https://opencv.org/releases/」，螢幕向下捲，點選 **OpenCV - 3.4.9** 項目的 **Windows** 圖示下載檔案。

解壓縮 <opencv-3.4.9-vc14_vc15.exe>，將 <opencv-3.4.9-vc14_vc15\opencv\build\ x64\vc15\bin> 中 的 <opencv_traincascade.exe> 和 <opencv_world349.dll> 2 個 檔 案複製到 <Haar-Training_carPlate\training> 資料夾中，並刪除原有的 <haartraining. exe>。

調整後的檔案架構如下 (本章範例原始檔中已包含此調整後的資料夾)

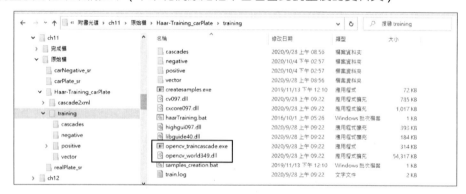

11.3.2 加入正、負樣本

首先加入正樣本圖片檔案：正樣本圖片需置於 <Haar-Training_carPlate\training\ positive\rawdata> 資料夾中。先移除 <rawdata> 中所有檔案，將前一節建立的 73 個 正樣本圖片檔案 (位於 <carPlate> 資料夾，bmp 格式) 複製到 <rawdata> 資料夾中。

接著加入負樣本圖片檔案：負樣本圖片需置於 <Haar-Training_carPlate\training\ negative> 資料夾中。先移除 <negative> 中所有圖片檔案及 <bg.txt>，只留下 <create_list.bat> 檔。<bg.txt> 文字檔記錄所有負樣本圖片檔案名稱。

將前一節建立的 293 個負樣本圖片檔案 (位於 <carNegative> 資料夾，灰階圖片) 複 製到 <negative> 資料夾中。

<create_list.bat> 批次檔的功能是建立 <bg.txt> 檔：

```
dir /b *.jpg >bg.txt
```

以滑鼠左鍵快速按 <create_list.bat> 檔兩下執行，就會產生 <bg.txt>。

<bg.txt> 檔的內容為圖形檔案名稱：<negGray001.jpg>、<negGray002.jpg>、…，而訓練時需指明檔案路徑為 <negative/negGray001.jpg>、<negative/negGray002.jpg>、……，可使用文字取代功能進行轉換。

以記事本開啟 <bg.txt> 檔，執行功能表 **編輯 / 取代**，**尋找目標** 欄輸入「negGray」，**取代為** 欄輸入「negative/negGray」後按 **全部取代** 鈕就完成轉換。

11.3.3 正樣本標記資料

正樣本圖片中必須將要偵測的物件框選出來，系統才知道要偵測的物件是什麼，這個過程稱為「標記」。例如本章要偵測車牌號碼，所以必須框選所有正樣本圖片中的車牌號碼。

以滑鼠左鍵按 <Haar-Training_carPlate\training\positive\objectmarker.exe> 檔兩下就會執行標記程式，程式會自動載入第一張正樣本圖片。在框選區域左上角按一下滑鼠左鍵，拖曳滑鼠到框選區域右下角放開滑鼠完成框選，再按 **空白** 鍵就可將框選資料記錄下來。如果圖片還有其他車牌號碼，可繼續框選。本章正樣本圖片都只有一個車牌號碼，按 **Enter** 鍵完成這張圖片標記，程式會自動載入下一張圖片讓使用者框選。重複框選圖片，直到所有圖片都完成為止。

框選區域

圖片及框選資料

如果拖曳後放開滑鼠右鍵時發現框選區域不正確，此時不要按 **空白** 鍵記錄，只要再於框選區域左上角按滑鼠左鍵重新框選，原來的框選區域就會消失，直到框選區域正確再按 **空白** 鍵將框選資料記錄下來。

標記完成後會在 <Haar-Training_carPlate\training\positive> 資料夾產生 <info.txt> 文字檔，其資料結構為：

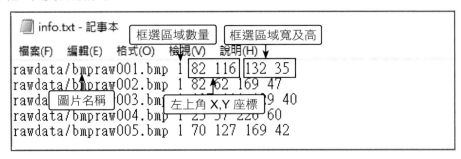

本章範例中 <info_sr.txt> 即為正樣本圖片標記檔，讀者可複製到 <Haar-Training_carPlate\training\positive> 資料夾，修改名稱為 <info.txt>。

11.3.4 顯示及修改框選區域

標記的正確性對 Haar 特徵分類器模型的影響極大，標記完成後最好檢視全部圖片的框選區域，如果發現框選區域偏差較大的圖片，可以進行修正。Opencv 並未提供檢視標記的功能，所以自行撰寫程式顯示所有正樣本圖片框選區域。

程式碼：**picMark.py**

```
1 def emptydir(dirname):
略………
7 from PIL import Image, ImageDraw
8 import shutil, os
9 from time import sleep
```

```
10
11 fp = open('Haar-Training_carPlate/training/positive/info.txt', 'r')
12 line = fp.readline()   #讀取一列文字
13 emptydir('picMark')
14 print('開始繪製圖框！')
15 while line:
16     data = line.split(' ')
17     img = Image.open('Haar-Training_carPlate/
           training/positive/' + data[0])   #讀取檔案
18     draw = ImageDraw.Draw(img)  #繪圖
19     n = data[1]   #圖框數量
20     #繪製圖框
21     for i in range(int(n)):
22         x = int(data[2+i*4])
23         y = int(data[3+i*4])
24         w = int(data[4+i*4])
25         h = int(data[5+i*4])
26         draw.rectangle((x, y, x+w, y+h), outline='red')
27     filename = (data[0].split('/'))[-1]
28     img.save('picMark/' + filename)   #存檔
29     line = fp.readline()   #讀下一列文字
30 fp.close()
31 print('繪製圖框結束！')
```

程式說明

- 10　　　開啟標記檔案。

- 11　　　讀取第一列標記資料。

- 12　　　建立空的 <picMark> 資料夾。

- 16　　　分割字串：data[0] 是檔案名稱，data[1] 是框選區域數量，data[2] 是框選區域左上角 X 座標，data[3] 是框選區域左上角 Y 座標，data[4] 是框選區域寬度，data[5] 是框選區域高度。

- 17　　　讀取圖片檔案。

- 18　　　繪製原始圖形。

- 21-26　繪製框選矩形。

- 27-28　儲存繪製框選矩形的圖片。

- 29　　　讀取下一列標記資料。

本程式執行完畢後會產生 <picMark> 資料夾,內含 <bmpraw001.bmp> 到 <bmpraw073.bmp> 共 73 個圖片檔案,圖片上已繪製框選區域。

修改圖片框選區域

使用者可以檢視所有繪製框選區域的圖片,將需要修改框選區域的圖片編號記錄下來。啟動 Windows 內建的 **小畫家**,開啟要修改的圖片檔案,將滑鼠移到框選區域左上角,記錄 **小畫家** 左下角的座標值;拖曳滑鼠到框選區域右下角,記錄此時的座標值。由起點及終點座標值計算框選區域的寬度及高度,然後手動修改 <info.txt> 檔案資料。

11.3.5 調整框選區域寬高比

新式車牌有七碼,較舊式車牌多一碼,因此新式車牌較為扁平,即寬高比數值較大。經實際測量,新式車牌的寬約為高的 3.8 倍,而舊式車牌寬約為高的 3 倍。使用 Haar 特徵分類器模型進行物件偵測時,會根據訓練時的寬高比來框選物件。如果正樣本的標記很多寬高比小於 3.8 時,使用模型進行物件偵測時新式車牌常會只擷取到部分車牌號碼。

下面程式會將框選區域寬高比小於 3.8 的圖片，將框選區域的寬高比調整為 3.8，同時自動修改 <info.txt> 檔。

程式碼：modMark.py

```
1  fp = open('Haar-Training_carPlate/training/positive/info.txt', 'r')
2  line = fp.readline()
3  rettext = ''
4  print('開始轉換圖框！')
5  while line:
6      data = line.split(' ')
7      n = data[1]
8      rettext += data[0] + ' ' + n + ' '
9      #讀取原來資料
10     for i in range(int(n)):
11         x = float(data[2+i*4])
12         y = float(data[3+i*4])
13         w = float(data[4+i*4])
14         h = float(data[5+i*4])
15         if (w/h) < 3.8:   #如果寬長比小於3.8
16             newW = h * 3.8   #寬=高*3.8
17             x -= int((newW - w) / 2)   #計算新X位置
18             if x<=0:   x=0
19             w = int(newW)
20         rettext = rettext+str(int(x))+' '+data[3+i*4]+' '
               +str(int(w))+' '+data[5+i*4]
21     line = fp.readline()
22 fp.close()
23
24 fp = open('Haar-Training_carPlate/training/positive/info.txt', 'w')
25 fp.write(rettext)
26 fp.close()
27 print('轉換圖框結束！')
```

程式說明

■ 1　　　以讀取模式開啟標記檔。

■ 2　　　讀取第一筆標記資料。

■ 6　　　分割字串：data[0] 是檔案名稱，data[1] 是框選區域數量，data[2] 是框選區域左上角 X 座標，data[3] 是框選區域左上角 Y 座標，data[4] 是框選區域寬度，data[5] 是框選區域高度。

■ 8   `rettext` 儲存新的 <info.txt> 檔案內容。此列程式加入檔案名稱及框選區域數量。

■ 11-14   取得框選區域的左上角座標及寬、高。

■ 15   如果寬高比小於 3.8 才執行 16-19 列程式 (改變寬高比)。

■ 16   新的寬度為高度的 3.8 倍。

■ 17   計算新的起點 X 座標 : 向左移動增加寬度的一半 (int((newW-w)/2)。

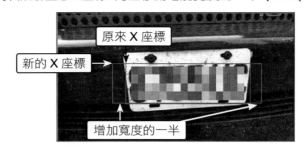

■ 18   若 X 坐標小於 0 就設 X 坐標為 0。

■ 20   將新的框選區域資料加入 `rettext` 中。

■ 21   讀取下一筆圖片資料。

■ 24   以寫入模式開啟標記檔。

■ 25   將新資料寫入 <info.txt> 檔。

執行完畢後,<info.txt> 檔中所有標記的寬高比都會大於或等於 3.8,使用者可以再執行一次 <picMark.py>,觀察 <picMark> 資料夾中圖片的框選區域 (尤其是六碼的舊式車牌)。

11.3.6 增加車牌數量

正樣本圖片的數量越多,建立的 Haar 特徵分類器模型效果越好,但是要在街頭拍攝大量車牌圖片是件繁重的工作,還要提防某些人以為你是「抓扒仔」正義魔人,質問拍攝動機。

以程式由現有圖片製造出更多圖片是常用增加正樣本圖片數量的方法,其方式很多,本章使用的方法是移除邊緣長寬各 10% 圖形來產生新圖形,如此每張圖片最多可新增 4 張新圖片 (若車牌號碼太靠近邊緣,新圖片車牌號碼可能部分被移除時,則不產生新圖片)。以移除左上角圖形為例:移除上方 30 像素及左方 22 像素,再將移除後的圖片尺寸放大為 300x225 像素成為新圖片。此時要注意框選區域也要依比例放大及調整框選位置。

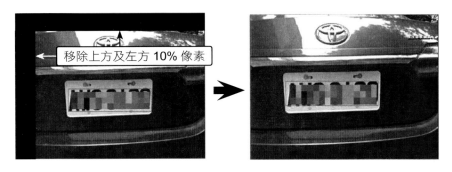

右上角、左下角、右下角可使用相同方法產生新圖片。

程式碼：make4Pic.py

```python
1 from PIL import Image
2
3 path = 'Haar-Training_carPlate/training/positive/'
4 fp = open(path + 'info.txt', 'r')
5 line = fp.readline()
6 count = 73   #圖片數，產生的圖片編號由此繼續
7 rettext = ''
8 print('開始產生新圖片！')
9 while line:
10     data = line.split(' ')
11     img = Image.open(path + data[0])   #讀入圖形檔
12     x = int(data[2])   #圖形 X 座標
13     y = int(data[3])   #圖形 Y 座標
14     w = int(data[4])   ##圖形寬
15     h = int(data[5])   ##圖形高
16     reduceW = 30   #減少的的寬度
17     reduceH = int(reduceW*0.75)   #減少的的高度
18     multi = float(300/(300-reduceW))   #原圖與新圖比例
19     neww = int(w*multi)   #新圖的寬
20     newh = int(h*multi)   #新圖的高
21     #移除左上角圖
22     if (x-reduceW)>5 and (y-reduceH)>5:   #左上角有空間才移除左上角
23         count += 1   #編號加 1，此數值會做為檔名用
24         newimg = img.crop((reduceW, reduceH, 300, 225))   #擷取圖形
25         newimg = newimg.resize((300, 225), Image.ANTIALIAS)   #放大圖形
26         newimg.save(path + 'rawdata/bmpraw{:0>3d}.bmp'.
               format(count), 'bmp')   #存檔
27         newx = int((x-reduceW)*multi-reduceW*(multi-1)/2)   #新圖 X 座標
28         newy = int((y-reduceH)*multi-reduceH*(multi-1)/2)   #新圖 Y 座標
```

```
29        rettext = rettext+'rawdata/bmpraw{:0>3d}.bmp'.
             format(count)+' '+'1'+' '+str(newx)+' '+str(newy)+' '
             +str(neww)+' '+str(newh)+'\n'    #記錄新圖資料
30    #移除右上角圖
31    if (x+w)<(300-reduceW-5) and y>(reduceW+5):
32        count += 1
33        newimg = img.crop((0, reduceH, (300-reduceW), 225))
34        newimg = newimg.resize((300, 225), Image.ANTIALIAS)
35        newimg.save(path + 'rawdata/bmpraw{:0>3d}.bmp'.format(count),'bmp')
36        newx = int(x*multi)
37        newy = int((y-reduceH)*multi-reduceH*(multi-1)/2)
38        rettext = rettext+'rawdata/bmpraw{:0>3d}.bmp'.
             format(count)+' '+'1'+' '+str(newx)+' '+str(newy)+' '
             +str(neww)+' '+str(newh)+'\n'
39    #移除左下角圖
40    if (x-reduceW)>5 and (y+h)<(225-reduceH-5):
41        count += 1
42        newimg = img.crop((reduceW, 0, 300, 225-reduceH))
43        newimg = newimg.resize((300, 225), Image.ANTIALIAS)
44        newimg.save(path + 'rawdata/bmpraw{:0>3d}.bmp'.format(count),'bmp')
45        newx = int((x-reduceW)*multi-reduceW*(multi-1)/2)
46        newy = int(y*multi)
47        rettext = rettext+'rawdata/bmpraw{:0>3d}.bmp'.
             format(count)+' '+'1'+' '+str(newx)+' '+str(newy)+' '
             +str(neww)+' '+str(newh)+'\n'
48    #移除右下角圖
49    if (x+w)<(300-reduceW-5) and (y+h)<(225-reduceH-5):
50        count += 1
51        newimg = img.crop((0, 0, (300-reduceW), 225-reduceH))
52        newimg = newimg.resize((300, 225), Image.ANTIALIAS)
53        newimg.save(path + 'rawdata/bmpraw{:0>3d}.bmp'.format(count),'bmp')
54        newx = int(x*multi)
55        newy = int(y*multi)
56        rettext = rettext+'rawdata/bmpraw{:0>3d}.bmp'.
             format(count)+' '+'1'+' '+str(newx)+' '+str(newy)+' '
             +str(neww)+' '+str(newh)+'\n'
57    line = fp.readline()
58 fp.close()
59
60 fpmake = open(path + 'Info.txt', 'a')    #以新增資料方式開啟檔案
61 fpmake.write(rettext)   #寫入檔案
62 fpmake.close()
63 print('產生新圖片結束！')
```

程式說明

▨	6	count 為原有圖片數，產生的圖片編號由「count+1」開始。
▨	16-17	移除的寬度及高度像素。
▨	18	multi 儲存原圖片與新圖片的比例。
▨	19-20	計算新圖片框選區域的寬度及高度。
▨	22-29	產生移除左上角圖形的新圖片。
▨	23	圖片編號，存檔時會加入此編號做為檔案名稱的一部分。
▨	24	擷取圖形做為新圖片。
▨	25	將新圖片尺寸轉換為 300x225 像素。
▨	26	將新圖片存檔。
▨	27-28	計算新圖片框選區域左上角的座標。
▨	29	將新圖片資料加入 rettext 變數中。
▨	30-56	分別產生移除右上角、左下角、右下角的新圖片。
▨	60	以「附加」方式開啟標記檔。因為要保留標記檔中原有的資料，再加入新圖片資料，所以要以「附加」方式開啟檔案。
▨	61	將新圖片資料以附加方式寫到原有資料後方。

執行完畢後，<rawdata> 資料夾中共有 329 個圖片檔案，<info.txt> 有對應的 329 列圖片資料。使用者可以再執行一次 <picMark.py>，觀察 <picMark> 資料夾中檔案名稱 <bmpraw074.bmp> 以後圖片的框選區域。

11.3.7 訓練 Haar 特徵分類器

準備好正、負樣本圖片資料後，就可以開始訓練 Haar 特徵分類器了！

打包向量檔 (*.vec)

正樣本圖片資料必須打包為向量檔才能訓練。將正樣本圖片資料打包為向量檔的批次檔為 <training\samples_creation.bat>，請按照下面文字修改其內容：

```
createsamples.exe -info positive/info.txt -vec
    vector/facevector.vec -num 329 -w 76 -h 20
```

參數意義：

- **info**：正樣本標記檔路徑。
- **vec**：產生的向量檔路徑。
- **num**：正樣本圖片數量。
- **w**：偵測物件的寬度。
- **h**：偵測物件的高度。

偵測物件的寬度及高度設定非常重要：使用 Haar 特徵分類器模時，小於此設定值的區域將無法偵測，而且偵測時會使用此寬高比進行偵測。因為車牌號碼寬高比為 3.8，所以設定最小高度為 20 像素，再將寬度設為 20*3.8=76 像素。

以滑鼠左鍵快速按 <samples_creation.bat> 檔兩下執行，會產生 <training\vector\facevector.vec> 向量檔。

進行訓練

訓練 Haar 特徵分類器的批次檔為 <training\haarTraining.bat>，請按照下面文字修改其內容：

```
opencv_traincascade.exe -data cascades -vec
    vector/facevector.vec -bg negative/bg.txt -numPos 329
    -numNeg 293 -numStages 15 -w 76 -h 20 -minHitRate 0.9999
    -precalcValBufSize 512 -precalcIdxBufSize 512 -mode ALL
```

- **-data**：指定儲存訓練結果的資料夾。
- **-vec**：指定正樣本向量檔路徑。
- **-bg**：指定負樣本資料檔路徑。
- **-numPos**：指定正樣本圖片數量。
- **-numNeg**：指定負樣本圖片數量。
- **-numStage**：訓練級數，級數越多，模型的偵測正確率越好，但訓練花費的時間越長。通常級數設為 15 到 25 之間。
- **-w**、**-h**：偵測物件的寬度及高度。
- **-minHitRate**：每一級需要達到的命中率。

- **-precalcValBufSize** 及 **–precalcIdxBufSize**：使用的記憶體，單位為「M」，訓練使用的記憶體大小，記憶體越大，訓練花費的時間越短。如果訓練過程中出現「記憶體不足」訊息時，可適度減小此數值。

- **-mode**：訓練模式：使用那些 Haar 特徵類型來訓練。「ALL」是使用所有特徵類型，「BASIC」是使用線性 Haar 特徵類型，「CORE」是使用線性及中心 Haar 特徵類型。

請先清空 <training\cascades> 資料夾中所有資料，然後以滑鼠左鍵快速按 <haarTraining.bat> 檔兩下執行。

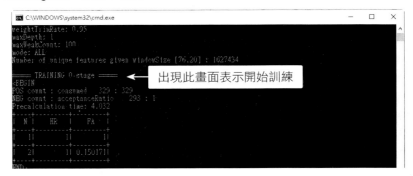

訓練的時間相當長 (大約一小時左右)，請耐心等待。訓練完成後，在 <training\cascades> 資料夾會產生許多 XML 文件，其中 <cascade.xml> 就是訓練完成的 Harr 模型檔。

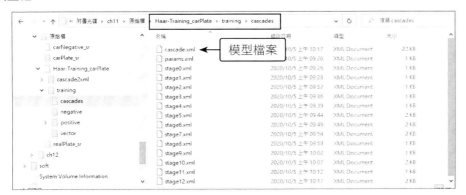

模型訓練中斷及繼續訓練

訓練的時間相當長，有時會出現很長時間都沒有繼續進行的情況，此時可以按 **CTRL+C** 鍵，再輸入「**y**」鍵中斷訓練，然後再以滑鼠左鍵快速按 <haarTraining. bat> 檔兩下即可繼續訓練。

若要重新訓練模型，需先將 <training\cascades> 資料夾中的檔案全部移除，再以滑鼠左鍵快速按 <haarTraining.bat> 檔兩下即可重新訓練。

將 <cascade.xml> 複製到專案根目錄並更名為 <haar_carplate.xml> 就完成 Harr 模型建立程序，接著即可使用此 <haar_carplate.xml> 模型檔對實測圖片進行車牌號碼偵測。

模型檔案

11.4 使用 Haar 特徵分類器模型

Haar 特徵分類器模型建立完成後，就可使用此模型偵測圖片中的指定物件了！

11.4.1 Haar 特徵分類器模型語法

使用 Haar 特徵分類器模型必須先安裝 Opencv 模組，如果尚未安裝，請參考第十章安裝 Opencv 模組。

首先要含入 Opencv 模組：

```
import cv2
```

接著以 CascadeClassifier 方法載入 Haar 特徵分類器模型檔案，語法為：

```
模型變數 = cv2.CascadeClassifier( 模型路徑 )
```

例如以 detector 變數載入前一節建立的車牌號碼模型檔案：

```
detector = cv2.CascadeClassifier('haar_carplate.xml')
```

然後就可用模型變數的 detectMultiScale 方法偵測物件，語法為：

```
偵測變數 = 模型變數.detectMultiScale( 圖片 , minSize=( 寬 , 高 ),
    scaleFactor= 放大比例 , minNeighbors= 最小相鄰數 )
```

■ **minSize**：檢測矩形最小尺寸。使用 Haar 特徵分類器模型時，系統會在要偵測的圖片左上角產生一個檢測矩形，然後不斷移動矩形以檢測整張圖片，「minSize」就是設定檢測矩形的最小尺寸，即小於 minSize 尺寸的物件將無法檢測出來。如果是自己訓練及建立的模型，通常會使用訓練時的偵測物件長及寬。

■ **scaleFactor**：檢測矩形放大比例。Haar 特徵分類器模型可偵測出各種大小的物件，其原理是第一次掃描時以 minSize 設定的檢測矩形掃描圖片，第二次將檢測矩形放大再掃描圖片，依此類推，直到檢測矩形尺寸為圖片尺寸為止。「scaleFactor」設定檢測矩形的放大倍數，數值越大則偵測速度越快，但偵測結果較差，一般為 1.1 到 1.5 之間。

■ **minNeighbors**：最小相鄰符合特徵檢測矩形數量。因為檢測矩形是不斷移動來偵測物件特徵，常常是相鄰的檢測矩形都會符合偵測物件特徵，為了增加偵測準確度，「minNeighbors」設定最小相鄰符合特徵檢測矩形數量，即必須相鄰的符合特徵檢測矩形數量大於 或等於 minNeighbors 設定值，才視為偵測物件。使用模型偵測物件時，若發現框選的物件太多 (即不是偵測物件也被框選)，可增大此設定值；若發現偵測物件未被框選，可減少此設定值。

使用 Haar 特徵分類器模型時，必須視執行結果調整參數，才能達到最好的偵測物件結果。

例如使用車牌號碼模型偵測圖片中車牌號碼，結果存於 signs 變數中：

```
signs = detector.detectMultiScale(img, minSize=(76, 20),
    scaleFactor=1.1, minNeighbors=4)
```

detectMultiScale 方法的傳回值是二維串列，第一維是偵測物件的個數，第二維是偵測物件資訊，偵測物件資訊包含 4 個元素，依序為偵測物件的左上角 X 坐標、左上角 Y 人十坐標、寬度、高度。例如偵測到 2 個物件的傳回值範例：

```
signs = [[67,112,142,37], [102,56,167,43]]
```

表示第一個物件的左上角坐標為 (67,112)，寬度為 142，高度為 37；第二個物件的左上角坐標為 (102,56)，寬度為 167，高度為 43。

有了這些偵測物件資訊，就能將偵測物件框選出來。

11.4.2 車牌號碼偵測

接下來的程式就是要以前一節所建立的模型，對於實測圖片中的車牌號碼進行偵測，並將車牌號碼框選起來。

程式碼：**regCarPlate.py**

```
1 import cv2
2
3 img = cv2.imread('realPlate/resizejpg001.jpg')  #讀取要辨識的圖形
4 detector = cv2.CascadeClassifier('haar_carplate.xml') #讀取 Haar 模型
5 signs = detector.detectMultiScale(img, minSize=(76, 20),
    scaleFactor=1.1, minNeighbors=4)  #辨識
6 if len(signs) > 0 :  #有偵測到車牌
7     for (x, y, w, h) in signs:  #逐一框選出車牌
8         cv2.rectangle(img, (x, y), (x+w, y+h), (0, 0, 255), 2)
9         print(signs)
10 else:
```

```
11      print(' 沒有偵測到車牌！')
12
13 cv2.imshow('Frame', img)   # 顯示圖形
14 cv2.waitKey(0)
15 cv2.destroyAllWindows()
```

程式說明

- 3　　　讀取圖片。

- 4　　　載入 Haar 特徵分類器模型。

- 5　　　偵測車牌號碼。

- 6　　　如果有偵測到車牌號碼才執行 7 到 9 列程式。

- 7　　　逐一處理偵測到的車牌號碼。

- 8　　　在車牌號碼處繪製矩形 （框選車牌號碼）。

- 9　　　列印車牌號碼矩形資訊讓使用者參考。

- 13　　顯示圖形。

執行後若偵測到車牌，會將車牌號碼框選出來，按任意鍵關閉圖形顯示視窗。

批次框選車牌號碼

<realPlate> 資料夾有 8 張實測圖片，下面程式可連續偵測所有圖片車牌號碼，不必
重複執行 <regCarPlate.py> 查看偵測結果果。

程式碼：regCarPlate_all.py

```
1 import cv2
2 import glob
3
4 files = glob.glob("realPlate/*.jpg")
```

```
 5 for file in files:
 6     print('圖片檔案:' + file)
 7     img = cv2.imread(file)
 8     detector = cv2.CascadeClassifier('haar_carplate.xml')
 9     signs = detector.detectMultiScale(img, minSize=(76, 20),
           scaleFactor=1.1, minNeighbors=4)
10     if len(signs) > 0 :
11         for (x, y, w, h) in signs:
12             cv2.rectangle(img, (x, y), (x+w, y+h), (0, 0, 255), 2)
13             print(signs)
14     else:
15         print('沒有偵測到車牌!')
16
17     cv2.imshow('Frame', img)
18     key = cv2.waitKey(0)
19     cv2.destroyAllWindows()
20     if key == 113 or key==81:   # 按 q 鍵結束
21         break
```

程式說明

- 4   讀取 <realPlate> 資料夾所有 jpg 圖片檔案。

- 6   顯示圖片檔案名稱,讓使用者知道目前是哪一張圖片。

- 7-15   框選圖片中的車牌。

- 18   等待使用者按鍵。

- 20-21   若使用者按「q」鍵就結束程式。

執行後顯示第一張圖片,若偵測到車牌,會將車牌號碼框選出來,按「q」鍵就結束程式,按其他鍵則顯示下一張圖片,直到全部圖片都顯示完畢。

Chapter 12

無所遁形術：
即時車牌影像辨識

12.1 專題方向

本專題由於無法取得數以萬計的車牌再進行機器學習的訓練,因此不是對整個車牌進行辨識,而是以前一章建立的車牌號碼偵測模型取得到圖片中車牌號碼的位置後,再將車牌號碼擷取下來,進而分割車牌號碼取得車牌中每一個文字,使用這些車牌號碼文字進行機器學習訓練,建立車牌號碼辨識模型,最後再使用這個模型進行車牌辨識。

專題檢視

首先將車牌圖片的檔案名稱更改為車牌號碼,如此在擷取車牌號碼文字後,可使用檔案名稱文字做為車牌號碼文字的標記。接著撰寫程式 (cropPlate.py) 將車牌號碼圖形擷取下來,車牌號碼圖形檔仍使用車牌號碼做為檔案名稱。

使用 opencv 的輪廓偵測功能可取得車牌號碼中文字輪廓的位置,再分別將文字擷取出來。車牌號碼文字為大寫英文字母及數字,新式車牌英文字母沒有「O」及「I」,因此有 24 個字母及 10 個數字共計 34 個文字,也就是機器學習時分為 34 類。分別以這 34 個文字建立資料夾,將擷取的車牌號碼文字圖形存入對應的資料夾中。

目前的資料量太少,無法進行機器學習訓練,所以要撰寫程式 (makedata.py) 增加資料數量:複製原始圖片,然後在圖片上隨機加入一些雜點,就能產生不同圖片。本專題將各分類圖片擴增到 500 筆左右,全體資料數量有一萬七千多筆。

資料準備齊全後就進行機器學習訓練建立模型,然後就可用模型來辨識未知車牌的號碼了!

12.2 **車牌號碼機器學習訓練資料**

前一章在圖片中偵測車牌號碼位置後，可將車牌號碼擷取下來，進而分別取得車牌號碼每一個文字 (英文字母或數字)，可以使用這些車牌號碼文字建立機器學習訓練資料，以便進行機器學習訓練建立車牌號碼辨識模型。

12.2.1 **原始圖片轉換尺寸**

請複製本章範例 < 原始檔 > 資料夾到硬碟中進行後續操作：<realPlate_sr> 資料夾含有 66 張數位相機拍攝的相片，用於建立機器學習訓練資料；<predictPlate_sr> 資料夾含有 5 張數位相機拍攝的相片，是讓機器學習模型實際測試的預測車牌。為了方便後續判斷車牌號碼辨識是否正確，所有圖片的檔案名稱已更改為車牌號碼，如此只要看檔案名稱即可得知該圖片的車牌號碼。

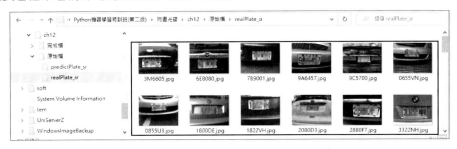

<haar_carplate.xml> 是前一章建立的車牌號碼 Haar 特徵分類器模型，可偵測圖片中車牌位置。

首先將所有數位相機拍攝的相片尺寸轉換為 300x225 像素圖形，以便讓 <haar_carplate.xml> 模型偵測。轉換尺寸的程式為：

```
程式碼：resize.py
 1 def emptydir(dirname):   # 清空資料夾
 2     if os.path.isdir(dirname):   # 資料夾存在就刪除
 3         shutil.rmtree(dirname)
 4         sleep(2)   # 需延遲，否則會出錯
 5     os.mkdir(dirname)   # 建立資料夾
 6
 7 def dirResize(src, dst):
 8     myfiles = glob.glob(src + '/*.JPG')   # 讀取資料夾全部 jpg 檔案
 9     emptydir(dst)
10     print(src + ' 資料夾：')
```

```
11      print(' 開始轉換圖形尺寸！')
12      for f in myfiles:
13          fname = f.split("\\")[-1]
14          img = Image.open(f)
15          img_new = img.resize((300, 225), PIL.Image.ANTIALIAS) # 尺寸300x225
16          img_new.save(dst + '/' + fname)
17      print(' 轉換圖形尺寸完成！\n')
18
19 import PIL
20 from PIL import Image
21 import glob
22 import shutil, os
23 from time import sleep
24
25 dirResize('realPlate_sr', 'realPlate')
26 dirResize('predictPlate_sr', 'predictPlate')
```

程式說明

- 1-5　　　emptydir 函式的功能是建立空的資料夾。若資料夾已存在，就先刪除再建立新資料夾。

- 7-17　　 轉換圖片尺寸函式。

- 8　　　　讀取來源資料夾中所有 jpg 圖片檔。

- 9　　　　建立目的資料夾。

- 12-16　　逐一將圖片檔案轉換尺寸。

- 25　　　 轉換訓練圖片，轉換後存於 <realPlate> 資料夾。

- 26　　　 轉換預測用圖片，轉換後存於 <predictPlate> 資料夾。

執行後產生的 <realPlate> 及 <predictPlate> 資料夾中圖片檔案名稱和原來的 <realPlate_sr> 及 <predictPlate_sr> 資料夾完全相同，只是所有圖片的尺寸皆轉換為 300x225 像素。

12.2.2 擷取車牌號碼圖形

利用前一章建立的車牌號碼 Haar 特徵分類器模型 (haar_carplate.xml)，就可框選出車牌號碼，進而將車牌號碼圖形擷取下來。擷取車牌號碼圖形的程式為：

程式碼：cropPlate.py

```
1 def emptydir(dirname):   # 清空資料夾
略………
```

```
 7 import cv2
 8 from PIL import Image
 9 import glob
10 import shutil, os
11 from time import sleep
12
13 print('開始擷取車牌！')
14 print('無法擷取車牌的圖片：')
15 dstdir = 'cropPlate'
16 myfiles = glob.glob("realPlate\*.JPG")
17 emptydir(dstdir)
18 for imgname in myfiles:
19     filename = (imgname.split('\\'))[-1]   #取得檔案名稱
20     img = cv2.imread(imgname)   #讀入圖形
21     detector = cv2.CascadeClassifier('haar_carplate.xml')
22     signs = detector.detectMultiScale(img, scaleFactor=1.1,
            minNeighbors=4, minSize=(20, 20))   #框出車牌
23     #割取車牌
24     if len(signs) > 0 :
25         for (x, y, w, h) in signs:
26             image1 = Image.open(imgname)
27             image2 = image1.crop((x, y, x+w, y+h))   #擷取車牌圖形
28             image3 = image2.resize((140, 40),
                    Image.ANTIALIAS)   #轉換尺寸為140X40
29             image3.save(dstdir + '/tem.jpg')
30             image4 = cv2.imread(dstdir + '/tem.jpg')   #以 opencv 讀車牌檔
31             img_gray = cv2.cvtColor(image4, cv2.COLOR_RGB2GRAY)   #灰階
32             _, img_thre = cv2.threshold(img_gray, 100, 255,
                    cv2.THRESH_BINARY)   #黑白
33             cv2.imwrite(dstdir + '/'+ filename, img_thre)
34     else:
35         print(filename)
36
37 os.remove(dstdir + '/tem.jpg')   #移除暫存檔
38 print('擷取車牌結束！')
```

程式說明

- ▪ 1-5　　emptydir 函式的功能是建立空的資料夾。若資料夾已存在，就先刪除再建立新資料夾。

- ▪ 14 及 35 列印無法擷取車牌的圖片檔案名稱。

- ▪ 16　　　讀取 <realPlate> 資料夾所有 jpg 圖片檔。

- ■ 17　　　建立空的 <cropPlate> 資料夾儲存擷取的車牌圖片檔案。
- ■ 18-35　　逐一處理圖片檔案。
- ■ 19　　　取得圖片檔案名稱,如「3M6605.jpg」。
- ■ 20　　　讀取圖片檔案。
- ■ 21　　　載入車牌號碼 Haar 特徵分類器模型檔。
- ■ 22　　　偵測車牌號碼。
- ■ 24-33　　擷取車牌號碼圖形。
- ■ 25　　　逐一處理偵測到的車牌 (本章圖形皆只有一個車牌)。
- ■ 26　　　以 Image 模組讀取圖形。
- ■ 27　　　以 Image 模組的 crop 方法擷取車牌號碼車牌號碼圖形。
- ■ 28　　　將車牌號碼圖形尺寸轉換為 140x40 像素。
- ■ 29-33　　以黑白圖形格式存檔。因擷取的車牌號碼圖形後續要以偵測輪廓方式分割車牌中文字,而偵測輪廓的圖形格式需為黑白圖形,故此處以黑白圖形存檔。
- ■ 29-30　　先存檔再以 opencv 模組讀取檔案。
- ■ 31　　　轉為灰階圖形。
- ■ 32　　　轉為黑白圖形。
- ■ 33　　　在 <cropPlate> 資料夾以原來檔名存檔。
- ■ 37　　　刪除暫存檔案。

執行結果會在 <cropPlate> 資料夾中產生以車牌號碼為檔名的黑白車牌號碼圖。

因為擷取車牌號碼圖形是為了後續分割車牌文字以建立機器學習訓練資料,如果擷取不到車牌號碼的圖片就沒有作用。第 14 及 35 列程式會列出擷取不到車牌號碼圖片的檔案名稱,使用者可將這些檔案由 <realPlate> 資料夾刪除。(若使用本書範例,將不會出現無法擷取車牌號碼圖形的問題。)

12.2.3 以輪廓偵測分割車牌號碼文字

若要分別擷取車牌的文字，可使用 opencv 的輪廓偵測功能取得車牌號碼中文字輪廓的位置，再分別擷取文字。

opencv 使用 findContours 方法取得圖片的輪廓，語法為：

```
尋找變數 = cv2.findContours( 圖片 , 偵測模式 , 輪廓算法 )
```

「偵測模式」有四種：

- **cv2.RETR_EXTERNAL**：只偵測輪廓外緣，這是最常用的模式。
- **cv2.RETR_LIST**：偵測輪廓時不建立等級關係。
- **cv2.RETR_CCOMP**：偵測輪廓時建立兩個等級關係。
- **cv2.RETR_TREE**：偵測輪廓時建立樹狀等級關係。

常用的「輪廓算法」有兩種：

- **cv2.CHAIN_APPROX_NONE**：儲存所有輪廓點。
- **cv2.CHAIN_APPROX_SIMPLE**：壓縮水平、垂直及對角線方向元素，只儲存該方向的終點，例如矩形只儲存四個點。此算法速度較快，是較常用的算法。

findContours 方法的傳回值是含有 3 個元素的串列，輪廓資訊存於第 1 個元素。例如偵測 <test.jpg> 圖片的輪廓存於 contours 變數中：

```
contours1 = cv2.findContours('test.jpg', cv2.RETR_EXTERNAL,
    cv2.CHAIN_APPROX_SIMPLE)
contours = contours1[0]    # 第一個元素
```

contours 也是一個串列，每一個元素就是一個圖形輪廓。

一個圖形的輪廓資訊非常複雜，opencv 提供 boundingRect 方法，將圖形輪廓資訊以一個最小矩形包圍起來，我們只要擷取該矩形，就擷取了該輪廓的圖形。

使用 boundingRect 的語法為：

```
cv2.boundingRect( 輪廓資訊 )
```

boundingRect 方法的傳回值是矩形左上角 X、Y 坐標及寬、高的元組。例如取得上面 <test.jpg> 圖片的第一個圖形輪廓矩形資料：

```
(x, y, w, h) = cv2.boundingRect(contours[0])
```

x、y 為矩形左上角 X、Y 坐標，w、h 為矩形寬、高。

通常圖片中會偵測到多個輪廓，以下面圖形為例，共偵測到 12 個輪廓：

輪廓的矩形資料為：

```
[(88, 24, 3, 3), (71, 9, 15, 31), (53, 9, 16, 31),
 (110, 8, 16, 32), (93, 8, 15, 32), (34, 8, 17, 32),
 (14, 8, 18, 32), (126, 0, 14, 40), (101, 0, 8, 3),
 (36, 0, 6, 1), (31, 0, 4, 3), (0, 0, 15, 40)]
```

由上面資料很難將矩形資料與圖形對應。若將矩形資料依照 X 坐標遞增排序，則矩形資料就是由左至右排列的矩形，就很容易將矩形資料與圖形對應了！依照 X 坐標遞增排序後的矩形資料為：

```
[(0, 0, 15, 40), (1❶, 8, 18, 32), (3❷, 0, 4, 3),    ❸
 (34, 8, 17, 32), (3❹, 0, 6, 1), (5❺ 9, 16, 31),    ❻
 (71, 9, 15, 31), (8❼ 24, 3, 3), (9❽, 8, 15, 32),   ❾
 (101, 0, 8, 3), (1Ⓐ, 8, 16, 32), (1Ⓑ, 0, 14, 40)]  Ⓒ
```

與圖形的對應為：

與圖形的對應為：

這是舊式車牌，舊式的車牌寬高比較小，擷取車牌時通常會在左、右方多擷取了部分圖形，再加上一些雜點，14 個輪廓圖形中，只有 6 個車牌文字需要擷圖。觀察矩形資料，左、右方多擷取的圖形其高度通常為「40」(❶ 和 Ⓒ)，而雜點都很小，高度會在 30 以下，以這些條件一般可以去除車牌號碼文字以外的輪廓圖形。

下面程式可以擷取單一車牌圖片的車牌號碼文字。

程式碼：cropNum.py
```
 1 def emptydir(dirname):   #清空資料夾
略……
```

```
 7 import cv2
 8 import shutil, os
 9 from time import sleep
10
11 emptydir('cropMono')
12 image = cv2.imread('cropPlate/7238N2.jpg')
13 gray = cv2.cvtColor(image, cv2.COLOR_BGR2GRAY)   # 灰階
14 _,thresh = cv2.threshold(gray, 127, 255, cv2.THRESH_BINARY_INV) # 轉為黑白
15 contours1 = cv2.findContours(thresh.copy(), cv2.RETR_EXTERNAL,
      cv2.CHAIN_APPROX_SIMPLE)   # 尋找輪廓
16 contours = contours1[0]   # 取得輪廓
17 letter_image_regions = []   # 文字圖形串列
18 for contour in contours:   # 依序處理輪廓
19     (x, y, w, h) = cv2.boundingRect(contour)   # 單一輪廓資料
20     letter_image_regions.append((x, y, w, h))   # 輪廓資料加入串列
21 letter_image_regions = sorted(letter_image_regions,
      key=lambda x: x[0])   # 按 X 坐標排序
22 print(letter_image_regions)
23 # 存檔
24 i=1
25 for letter_bounding_box in letter_image_regions: # 依序處理輪廓資料
26     x, y, w, h = letter_bounding_box
27     if w>=5 and h>30 and h<40:   # 長度 >6 且高度在 33-39 才是文字
28         letter_image = gray[y:y+h, x:x+w]   # 擷取圖形
29         letter_image = cv2.resize(letter_image, (18, 38))
30         cv2.imwrite('cropMono/{}.jpg'.format(i), letter_image) # 存檔
31         i += 1
```

程式說明

- **11** 建立空白 <cropMono> 資料夾儲存擷取的車牌號碼文字圖片。

- **12** 讀取車牌號碼檔案。

- **13-14** 轉為黑白圖片，偵測輪廓只能使用黑白圖片。

- **15-16** 取得輪廓資訊。

- **17** letter_image_regions 串列儲存輪廓矩形資料。

- **18** 逐一處理輪廓。

- **19** 取得輪廓矩形資料。

- **20** 將輪廓矩形資料加入 letter_image_regions 串列。

- **21** letter_image_regions 串列以 X 坐標遞增排序。

- **22**   顯示遞增排序的矩形資料讓使用者參考。
- **25**   逐一處理矩形資料。
- **27**   寬度大於 6 且高度在 31-39 才是車牌號碼文字。
- **28**   擷取矩形資料圖形。
- **29**   將矩形資料圖形轉換尺寸為 18x38 像素。
- **30**   存檔，檔名依序為 `<1.jpg>`、`<2.jpg>`、`<3jpg>` 等。

執行後會顯示矩形資料：

```
In [3]: runfile('D:/Python機器學習特訓班(第二版)/附書光碟/ch12/原始檔/cropNum.py', wdir='D:/
Python機器學習特訓班(第二版)/附書光碟/ch12/原始檔')
[(88, 24, 3, 3), (71, 9, 15, 31), (53, 9, 16, 31), (110, 8, 16, 32), (93, 8, 15, 32), (34,
8, 17, 32), (14, 8, 18, 32), (126, 0, 14, 40), (101, 0, 8, 3), (36, 0, 6, 1), (31, 0, 4, 3),
(0, 0, 15, 40)]
```

同時建立 **\<cropMono>** 資料夾，產生 6 張車牌號碼文字圖片。

批次擷取車牌號碼文字圖形

由擷取單一車牌號碼檔案了解擷取原理後,可撰寫程式將所有車牌號碼檔案的車牌號碼文字都擷取出來。為了方便核對擷取結果是否正確,將以車牌號碼建立資料夾,再將擷取的車牌號碼文字檔案儲存於該資料夾中。

程式碼：cropNum_all.py

```
 1 def emptydir(dirname):    #清空資料夾
略………
 7 import cv2
 8 import glob
 9 import shutil, os
10 from time import sleep
11
12 print(' 開始擷取車牌數字！')
13 emptydir('cropNum')
```

```
14 myfiles = glob.glob('cropPlate\*.jpg')
15 for f in myfiles:
16     filename = (f.split('\\'))[-1].replace('.jpg', '') #移除檔名中的「.jpg」
17     emptydir('cropNum/' + filename)   # 以車牌號碼做資料夾名稱
18     image = cv2.imread(f)   #讀取車牌號碼圖片
略………
34             letter_image = cv2.resize(letter_image, (18, 38))
35             cv2.imwrite('cropNum/' + filename + '/{}.jpg'.
                    format(i+1), letter_image)   # 存各車牌文字檔
36             i += 1
37 print('擷取車牌數字結束！')
```

程式說明

- 13　　　　建立空白 <cropNum> 資料夾儲存所有擷取的車牌號碼文字圖片。
- 14　　　　讀取 <cropPlate> 中所有車牌號碼圖片檔案。
- 15-36　　逐一處理車牌號碼圖片檔案。
- 16　　　　取出不含「.jpg」的檔案名稱，即車牌號碼，如「3M6605」。
- 17　　　　在 <cropNum> 資料夾中以車牌號碼為名稱建立資料夾。
- 18　　　　讀取車牌號碼圖片檔案。
- 19-34　　擷取車牌號碼文字圖片，與 <cropNum.py> 相同。
- 35　　　　將擷取的車牌號碼文字圖片存入以車牌號碼為名稱的資料夾中。

執行完畢會建立 <cropNum> 資料夾，然後為每個車牌建立一個以車牌號碼為名稱的
資料夾。

以車牌號碼為名稱的資料夾

因為這些擷取的車牌號碼文字檔案將用來做為機器學習的資料，且會以資料夾名稱的
文字做為標記，所以資料夾名稱與其中車牌號碼文字檔案必須正確無誤。逐一點選以
車牌號碼為名稱的資料夾查看擷取的車牌號碼文字檔案是否正確，如果不正確就刪除
該車牌檔案，再重新執行 <cropNum_all.py> 建立車牌號碼文字檔案。(若是以本書範
例檔案操作，將不會有擷取不正確的車牌檔案。)

12.2.4 建立機器學習分類文字庫

建立機器學習訓練資料最惱人的就是「標記」，要將大量資料手動標記要耗費龐大的時間，而且是一件無聊的工作。以分類為目標的機器學習，可以使用分類名稱做為資料夾名稱，然後將該分類資料都置入該資料夾中，讀取訓練資料時就以該資料夾名稱做為標記，這樣就可以利用程式輕鬆完成標記工作了！

辨識車牌號碼機器學習也是分類式機器學習：拆解車牌號碼文字，再辨識個別文字。車牌號碼文字為大寫英文字母及數字，新式車牌英文字母沒有「O」及「I」，因此有 24 個字母及 10 個數字共計 34 個文字，也就是機器學習時分為 34 類。另外，新式車牌與舊式車牌的字型不同，蒐集車牌時，最好能包含新式車牌與舊式車牌的所有文字。(舊式車牌英文字母仍有「O」及「I」，但加入後反而對於「0 (零)」與「1 (壹)」的辨識造成更大錯誤，因此予以排除。) 本書範例的車牌資料已包含新舊車牌所有車牌號碼文字。

下面程式會先以大寫英文字母及數字為名稱建立 34 個資料夾，再將所有車牌擷取的文字檔案分別存入對應的資料夾中。

程式碼：makefont.py

```
 1 def emptydir(dirname):    #清空資料夾
略………
 7 import glob
 8 import shutil, os
 9 from time import sleep
10
11 print('開始建立文字庫!')
12 emptydir('platefont')
13 fontlist = ['0','1','2','3','4','5','6','7','8','9','A','B',
      'C','D','E','F','G','H','J','K','L','M','N','P','Q','R',
      'S','T','U','V','W','X','Y','Z']
14 for i in range(len(fontlist)):    #建立文字資料夾
15     emptydir('platefont/' + fontlist[i])
16 dirs = os.listdir('cropNum')    #讀取所有檔案及資料夾
17 picnum = 1    #圖片記數器,讓檔名不會重複
18 for d in dirs:
19     if os.path.isdir('cropNum/' + d):    #只處理資料夾
20         myfiles = glob.glob('cropNum/' + d + '/*.jpg')
21         for i, f in enumerate(myfiles):
22             shutil.copyfile(f, 'platefont/{}/{}.jpg'.format(d[i],
                  picnum))    #存入對應資料夾
```

```
23              picnum += 1
24 print('建立文字庫結束！')
```

程式說明

- 12　　　建立空白 `<platefont>` 資料夾儲存分類車牌號碼文字庫。

- 13　　　`fontlist` 串列儲存 34 個車牌號碼文字。

- 14-15　建立 34 個以車牌號碼文字為名稱的資料夾。

- 16　　　讀取 `<cropNum>` 資料夾中所有檔案及資料夾。`<cropNum>` 資料夾中含有所有車牌的車牌號碼文字檔案。

- 17 及 23　將車牌號碼文字檔案存入對應資料夾時，其名稱不能重複，否則後面的檔案會覆蓋原來的檔案。以 `picnum` 變數做為檔案名稱重新命名的流水號，檔案名稱就不會重複。

- 18-19　`<cropNum_all.py>` 已為每一個車牌建立資料夾，所以此處只處理資料夾即可。

- 20　　　讀取資料夾中所有圖片檔案。

- 21-23　逐一處理圖片檔案。

- 22　　　複製檔案到對應的資料夾。目前圖片檔案內容的車牌號碼文字可由其資料夾名稱取得，例如：`<7238N2>` 資料夾第一張圖片的內容文字為「7」，第二張圖片的內容文字為「2」，依此類推。因此要將第一張圖片複製到 `<platefont/7>` 資料夾，第二張圖片複製到 `<platefont/2>` 資料夾。

　　　　　「`platefont/{}/{}.jpg'.format(d[i], picnum)`」是將圖片以流水號檔名存入對應資料夾，最重要是第一個「`{}`」其值為「`d[i]`」，就是資料夾名稱的第「i」個字母，也就是對應的資料夾名稱。

執行結果：

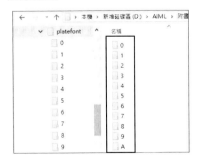

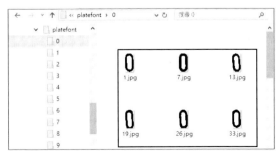

12.2.5 擴充機器學習分類文字庫

目前 34 類車牌號碼資料總共僅有近 400 筆，有些類別只有 2 筆資料，根本無法進行機器學習訓練，必須以程式大幅增加訓練資料的數量。

觀察擷取的車牌號碼文字圖片，會發現車牌號碼文字圖片有一些雜點，可能是原始車牌就有的髒污，也可能是處理圖片轉換產生的。我們可以複製原始圖片，再於圖片上隨機加入一些雜點，這樣就產生了不同圖片。

目前各分類圖片的數量差異很大，擴充資料時將各分類圖片數量調整到差不多。下面程式將各分類圖片擴增到 500 筆左右，全體資料數量有一萬七千多筆，如果使用者要修改資料數量，只要修改 21 列程式即可。

程式碼：**makedata.py**

```
 1 def emptydir(dirname):    #清空資料夾
略………
 7 import cv2
 8 import random
 9 import glob
10 import shutil, os
11 from time import sleep
12
13 fontlist = ['0','1','2','3','4','5','6','7','8','9','A','B',
      'C','D','E','F','G','H','J','K','L','M','N','P','Q','R',
      'S','T','U','V','W','X','Y','Z']
14 print('開始建立訓練資料！')
15 emptydir('data')
16 for n in range(len(fontlist)):
17     print('產生 data/' + fontlist[n] +' 資料夾')
18     emptydir('data/' + fontlist[n])
19     myfiles = glob.glob('platefont/' + fontlist[n] + '/*.jpg')
20     for index, f in enumerate(myfiles):
21         pic_total = 500    #每個文字檔案數
22         pic_each = int(pic_total / len(myfiles)) + 1
23         for i in range(pic_each):    #i 為檔案名稱
24             img = cv2.imread(f)
25             for j in range(20):    #加入指定數量雜點
26                 x = random.randint(0, 17)    #以亂數設定位置
27                 y = random.randint(0, 37)
28                 cv2.circle(img, (x, y), 1, (0,0,0), -1)    #畫點
```

```
29              cv2.imwrite('data/' + fontlist[n] +
                '/{:0>4d}.jpg'.format(index*pic_each+i+1),
                img)  # 存檔
30 print('建立訓練資料結束！')
```

程式說明

■ 15　　　　建立空白 <data> 資料夾儲存機器學習訓練資料。

■ 16　　　　逐一處理車牌號碼文字資料夾。

■ 17　　　　由於程式執行需一段時間，所以顯示目前處理的資料夾，讓使用者知道目前處理進度。

■ 19　　　　讀取分類資料夾中所有圖片檔案。

■ 21　　　　設定每個分類圖片總數。

■ 22　　　　設定每張原始圖片要複製的圖片數。例如「A」的原始圖片有 26 張，所以「int(500 / 26) + 1」為 20，即每張「A」原始圖片要複製 20 張新的圖片。

■ 24　　　　讀取原始圖片。

■ 25　　　　每張圖片加入 20 個雜點。

■ 26-27　　以亂數決定雜點位置。

■ 28　　　　以 opencv 畫點。

■ 29　　　　存圖片檔。「index*pic_each+i+1」計算圖片流水號做為檔名。

執行後建立 <data> 資料夾，內有 34 個以車牌號碼文字命名的資料夾，每個資料夾內有約 500 僅個圖片檔案。<data> 資料夾內的資料就是機器學習訓練資料。

12.3 建立車牌辨識系統

完成機器學習訓練資料建置後,可使用這些車牌號碼文字資料進行機器學習訓練,
建立車牌號碼辨識模型,即可利用模型辨識車牌號碼。

12.3.1 建立車牌號碼辨識模型

車牌號碼機器學習的訓練資料位於 <data> 資料夾,訓練資料時以車牌號碼文字做為
資料夾名稱,讀取車牌號碼文字資料夾中的圖片檔案時,就以資料夾名稱做為該圖
片的標記。

請用「pip list」檢查是否已安裝「imutils」模組,若未安裝請執行下列命令安裝:

```
pip install imutils
```

程式碼:**train.py**

```python
1  import cv2
2  import os.path
3  import numpy as np
4  from imutils import paths
5  from sklearn.preprocessing import LabelBinarizer
6  from sklearn.model_selection import train_test_split
7  from keras.models import Sequential
8  from keras.layers.convolutional import Conv2D, MaxPooling2D
9  from keras.layers.core import Flatten, Dense
10
11 imagedir = "data"  #訓練資料
12 modelname = "carplate_model.hdf5"  #模型名稱
13 data = []  #資料串列
14 labels = []  #標籤串列
15
16 #讀取資料
17 for image_file in paths.list_images(imagedir):
18     image = cv2.imread(image_file)
19     image = cv2.cvtColor(image, cv2.COLOR_BGR2GRAY)  #轉為灰階
20     label = image_file.split(os.path.sep)[-2]  #擷取文字資料夾名稱
21     data.append(image)  #加入圖形
22     labels.append(label)  #加入標籤
23 data = np.array(data)  #轉換為 numpy array
24 labels = np.array(labels)
```

```
25
26 # 訓練資料佔 85%，測試資料佔 15%
27 (X_train, X_test, Y_train, Y_test) = train_test_split(data,
      labels, test_size=0.15, random_state=0)
28 # 標準化資料
29 X_train_normalize=X_train.reshape(X_train.shape[0],38,18,1).
      astype("float") / 255.0
30 X_test_normalize=X_test.reshape(X_test.shape[0],38,18,1).
      astype("float") / 255.0
31 # 轉換標籤為 one-hot
32 lb = LabelBinarizer().fit(Y_train)
33 Y_train_OneHot = lb.transform(Y_train)
34 Y_test_OneHot = lb.transform(Y_test)
35
36 # 建立模型
37 model = Sequential()
38 # 神經網路
39 model.add(Conv2D(20, (5, 5), padding="same", input_shape=
      (38, 18, 1), activation="relu"))
40 model.add(MaxPooling2D(pool_size=(2, 2), strides=(2, 2)))
41 model.add(Conv2D(50, (5, 5), padding="same", activation="relu"))
42 model.add(MaxPooling2D(pool_size=(2, 2), strides=(2, 2)))
43 model.add(Flatten())
44 model.add(Dense(500, activation="relu"))
45 model.add(Dense(34, activation="softmax"))   #34 類
46 model.compile(loss="categorical_crossentropy",
      optimizer="adam", metrics=["accuracy"])
47 # 開始訓練
48 model.fit(X_train_normalize, Y_train_OneHot, validation_split=
      0.2, batch_size=32, epochs=10, verbose=1)
49 model.save(modelname)   # 儲存模型
50
51 # 準確率
52 scores = model.evaluate(X_train_normalize , Y_train_OneHot)
53 print(scores[1])
54 scores2 = model.evaluate(X_test_normalize , Y_test_OneHot)
55 print(scores2[1])
```

程式說明

■ 11　　　　`imagedir` 為儲存訓練資料的資料夾。

■ 12　　　　`modelname` 為訓練完成後的車牌號碼辨識模型檔案名稱。

- **13-14**　data 及 label 分別為儲存訓練圖片及標記的串列。

- **17**　逐一處理訓練資料檔案。

- **18**　讀取圖片檔案。

- **19**　將圖片轉換為灰階圖片。

- **20**　取得文字資料夾名稱做為標記。以第一張圖片為例：image_file 為「data\0\0001.jpg」，os.path.sep 為資料夾符號，這裡是「\」，image_file.split(os.path.sep) 分解字串後，最後一個元素為「0001.jpg」，倒數第二個元素為「0」，即 image_file.split(os.path.sep)[-2] 的值為「0」，所以此張圖片的標記為「0」。

- **21-22**　分別將圖片及標記加入串列。

- **23-24**　分別將圖片及標記串列轉換為 numpy array。

- **27**　設定訓練資料佔全部資料 85%，測試資料佔全部資料 15%。

- **29-30**　分別將訓練資料與測試資料標準化。

- **32-34**　分別將訓練資料與測試資料轉換為 one-hot 編碼。

- **39-46**　建立神經網路。

- **48**　進行機器學習訓練。

- **49**　儲存訓練後產生的模型。

- **52-55**　檢測訓練資料及測試資料的準確度。

執行後讀取資料需花費一段時間，由於車牌號碼文字圖形檔案很小，訓練速度很快。訓練完成後會產生 <carplate_model.hdf5> 模型檔，同時顯示訓練資料及測試資料的準確度皆為 100%。

12.3.2 **使用車牌號碼模型**

模型建立完成後，就可使用模型來預測車牌號碼了！此處以前一節擷取「7238N2」車牌號碼文字圖形產生的 <cropMono> 資料夾為辨識對象，查看是否可以正確辨識所有車牌號碼文字。

程式碼：**predict.py**

```
1 from keras.models import load_model
2 from PIL import Image
3 import numpy as np
4 import os
```

```
 5
 6 labels = ['0','1','2','3','4','5','6','7','8','9','A','B',
     'C','D','E','F','G','H','J','K','L','M','N','P','Q','R',
     'S','T','U','V','W','X','Y','Z']  #標籤值
 7 datan = 0   #車牌文字數,即檔案數
 8 for fname in os.listdir('cropMono'):
 9     if os.path.isfile(os.path.join('cropMono', fname)):
10         datan += 1
11 tem_data = []
12 for index in range(1, (datan+1)):   #讀取預測資料
13     tem_data.append((np.array(Image.open("cropMono/"
           + str(index) +".jpg")))/255.0)
14 real_data = np.stack(tem_data)   #(6,38,18)
15 real_data1 = np.expand_dims(real_data, axis=3)   #轉換為 (6,38,18,1)
16 model = load_model("carplate_model.hdf5")   #讀取模型
17 predictions = model.predict(real_data1)   #預測資料
18 print(' 車牌號碼為：')
19 for i in range(len(predictions)):   #顯示結果
20     print(labels[int(np.argmax(predictions[i], axis=-1))], end='')
```

程式說明

- **7-10**　取得車牌號碼文字數量,即圖片檔案數量。

- **8**　取得所有檔案與資料夾。

- **9-10**　如果是檔案就將檔案數量加 1。

- **11-13**　讀取 <cropMono> 資料夾中所有圖片檔案。

- **14**　轉換為 numpy array。

- **15**　14 列產生的資料維度為 (6,38,18),而使用模型的維度需為 (6,38,18,1),故使用 np.expand_dims 方法增加一個維度。

- **16**　載入車牌號碼模型。

- **17**　進行車牌號碼文字辨識。

- **19-20**　顯示辨識結果。

- **20**　辨識結果的傳回值為 one-hot 值,也就是第幾個分類,例如「A」的傳回值為「10」,「B」的傳回值為「11」等,因此需將 one-hot 值轉換為車牌號碼文字。「labels[int(np.argmax(predictions[i], axis=-1))]」就是將 one-hot 值

轉換為車牌號碼文字。

執行結果：

```
In [10]: runfile('D:/Python機器學習特訓班(第二版)/ch12/原始檔/predict.py',
wdir='D:/Python機器學習特訓班(第二版)/ch12/原始檔')
車牌號碼為：
7238N2
```

12.3.3 車牌辨識系統

結合擷取車牌圖形、分割車牌號碼圖形，再利用車牌號碼模型辨識車牌號碼，就完成車牌辨識系統了！此處使用 <predictPlate> 資料夾的車牌，此車牌並未包含在訓練資料中，而是全新的車牌，做為預測用。

程式碼：recogPlate.py

```python
 1 def emptydir(dirname):    #清空資料夾
略………
 7 from keras.models import load_model
 8 from PIL import Image
 9 import numpy as np
10 import cv2
11 import shutil, os
12 from time import sleep
13
14 labels = ['0','1','2','3','4','5','6','7','8','9','A','B',
   'C','D','E','F','G','H','J','K','L','M','N','P','Q','R','S',
   'T','U','V','W','X','Y','Z']    #標籤值
15 #擷取車牌
16 imgname = '1710YC.jpg'
17 dirname = 'recogdata'
18 emptydir(dirname)
19 img = cv2.imread('predictPlate/' + imgname)
20 detector = cv2.CascadeClassifier('haar_carplate.xml')
21 signs = detector.detectMultiScale(img, scaleFactor=1.1,
      minNeighbors=4, minSize=(20, 20))
22 if len(signs) > 0 :
23     for (x, y, w, h) in signs:
24         image1 = Image.open('predictPlate/' + imgname)
25         image2 = image1.crop((x, y, x+w, y+h))
26         image3 = image2.resize((140, 40), Image.ANTIALIAS)
27         image3.save('tem.jpg')
```

```
28      image4 = cv2.imread('tem.jpg')
29      gray = cv2.cvtColor(image4, cv2.COLOR_RGB2GRAY)
30      _, img_thre = cv2.threshold(gray, 100, 255, cv2.THRESH_BINARY)
31      cv2.imwrite('tem.jpg', img_thre)
32  # 分割文字
33  img_tem = cv2.imread('tem.jpg')
34  gray = cv2.cvtColor(img_tem, cv2.COLOR_BGR2GRAY)
35  _, thresh = cv2.threshold(gray, 127, 255,
        cv2.THRESH_BINARY_INV)   # 轉為黑白
36  contours1 = cv2.findContours(thresh.copy(),
        cv2.RETR_EXTERNAL, cv2.CHAIN_APPROX_SIMPLE)   # 尋找輪廓
37  contours = contours1[0]   # 取得輪廓
38  letter_image_regions = []   # 文字圖形串列
39  for contour in contours:   # 依序處理輪廓
40      (x, y, w, h) = cv2.boundingRect(contour)   # 單一輪廓資料
41      letter_image_regions.append((x, y, w, h))   # 輪廓資料加入串列
42  letter_image_regions = sorted(letter_image_regions,
        key=lambda x: x[0])   # 按 X 座標排序
43  # 存檔
44  i=1
45  for letter_bounding_box in letter_image_regions:   # 依序處理輪廓資料
46      x, y, w, h = letter_bounding_box
47      if w>=5 and h>32 and h<40:   # 長度 >6 且高度在 30-48 才是文字
48          letter_image = gray[y:y+h, x:x+w]   # 擷取圖形
49          letter_image = cv2.resize(letter_image, (18, 38))
50          cv2.imwrite(dirname + '/{}.jpg'.format(i), letter_image)   # 存檔
51          i += 1
52  # 辨識車牌
53  datan = 0   # 車牌文字數，即檔案數
54  for fname in os.listdir(dirname):
55      if os.path.isfile(os.path.join(dirname, fname)):
56          datan += 1
57  tem_data = []
58  for index in range(1, (datan+1)):   # 讀取預測資料
59      tem_data.append((np.array(Image.open("recogdata/" +
        str(index) +".jpg")))/255.0)
60  real_data = np.stack(tem_data)
61  real_data1 = np.expand_dims(real_data, axis=3)   #(7,38,18,1)
62  model = load_model("carplate_model.hdf5")   # 讀取模型
63  predictions = model.predict(real_data1)   # 預測資料
64  print(' 車牌號碼為：')
65  for i in range(len(predictions)):   # 顯示結果
```

```
66              print(labels[int(np.argmax(predictions[i],
                axis=-1))], end='')
67  else:
68      print(' 無法擷取車牌！')
69  os.remove('tem.jpg')
```

程式說明

- **16**　　　預測用的車牌號碼：「3M6605」。
- **17**　　　recogdata 資料夾儲存分割後的車牌號碼文字圖形。
- **19-31**　擷取車牌圖形。
- **33-42**　以輪廓偵測取得車牌號碼文字位置。
- **44-51**　擷取車牌號碼文字圖形並存檔。
- **53-65**　辨識車牌號碼文字並顯示。

執行結果：

```
In [13]: runfile('D:/Python機器學習特訓班(第二版)/ch12/原始檔/recogPlate.py',
wdir='D:/Python機器學習特訓班(第二版)/ch12/原始檔')
車牌號碼為：
1710YC
```

12.3.4 批次辨識車牌

下面程式提供同時辨識多個車牌功能：將要辨識的車牌置於同一個資料夾中 (<predictPlate> 資料有 5 張車牌圖片)，程式會一一辨識，並列出圖片檔案路徑 (檔案名稱就是車牌號碼) 及辨識結果，讓使用者查看辨識是否正確。

程式碼：recogPlate_all.py

```
略……
17  model = load_model("carplate_model.hdf5")   #讀取模型
18  myfiles = glob.glob('predictPlate/*.jpg')
19  for imgname in myfiles:
20      #擷取車牌
21      emptydir(dirname)
22      img = cv2.imread(imgname)
略………
66          result = []
67          for i in range(len(predictions)):   #顯示結果
68              result.append(labels[int(np.argmax(
```

```
                    predictions[i], axis=-1))])
69          print(imgname + ' --> ' + ''.join(result))
70      else:
71          print('無法擷取車牌！')
72      os.remove('tem.jpg')
```

程式說明

■ **17**　　　載入車牌號碼辨識模型。注意此列程式要放在 19-72 列的迴圈外面，
　　　　　　因載入模型檔要耗費一些時間，只載入一次就好。

■ **18**　　　取得 `<predictPlate>` 資料夾所有圖片檔案。

■ **19**　　　逐一處理車牌圖片檔案。

■ **21-65**　擷取車牌、分割車牌號碼文字及辨識與 `<recogPlate.py>` 相同。

■ **66-68**　將辨識結果加入 `result` 串列。

■ **69**　　　顯示圖片檔案路徑及辨識結果。

執行結果：

```
In [14]: runfile('D:/Python機器學習特訓班(第二版)/ch12/原始檔/recogPlate_all.py',
wdir='D:/Python機器學習特訓班(第二版)/ch12/原始檔')
predictPlate\1710YC.jpg --> 1710YC
predictPlate\AFS0568.jpg --> AFS0568
predictPlate\AUN6095.jpg --> AUN6095
predictPlate\AXK2738.jpg --> AXK2738
predictPlate\EW0835.jpg --> FW0835
```

批次辨識車牌程式可以快速篩檢拍攝的車牌圖片辨識效果，做為評估拍攝環境的參考 (上圖辨識結果最後一張圖片有一個字母辨識錯誤)。使用者可以控制攝影機或相機的拍攝條件，如拍攝裝置的裝設位置、鏡頭角度、停車場光線等，找到辨識率最佳的拍攝條件。

由上一章的建立 **Haar** 特徵分類器模型，到本章的擷取車牌號碼文字、訓練機器學習資料建立模型等，如果能蒐集更多車牌資料重新建立模型，將可不斷提升車牌號碼辨識效率。

Python 機器學習與深度學習特訓班 (第二版)：看得懂也會做的 AI 人工智慧實戰

作　　者：文淵閣工作室 編著　鄧文淵 總監製
企劃編輯：王建賀
文字編輯：詹祐甯
設計裝幀：張寶莉
發 行 人：廖文良

發 行 所：碁峰資訊股份有限公司
地　　址：台北市南港區三重路 66 號 7 樓之 6
電　　話：(02)2788-2408
傳　　真：(02)8192-4433
網　　站：www.gotop.com.tw
書　　號：ACL060400
版　　次：2021 年 04 月二版
　　　　　2024 年 09 月二版五刷
建議售價：NT$520

國家圖書館出版品預行編目資料

Python 機器學習與深度學習特訓班：看得懂也會做的 AI 人工
智慧實戰 / 文淵閣工作室編著. -- 二版. -- 臺北市：碁峰資
訊, 2021.04
　　面；　公分
　ISBN 978-986-502-678-3(平裝)
　1.Python(電腦程式語言)　2.人工智慧
312.32P97　　　　　　　　　　　　　　109018355